理工系の数学入門コース
［新装版］

線形代数

理工系の
数学入門コース
[新装版]

線形代数

LINEAR ALGEBRA

戸田盛和・浅野功義

Morikazu Toda　Naruyoshi Asano

An Introductory Course of
Mathematics for
Science and Engineering

岩波書店

理工系学生のために

数学の勉強は

現代の科学・技術は，数学ぬきでは考えられない．量と量の間の関係は数式で表わされ，数学的方法を使えば，精密な解析が可能になる．理工系の学生は，どのような専門に進むにしても，できるだけ早く自分で使える数学を身につけたほうがよい．

たとえば，力学の基本法則はニュートンの運動方程式である．これは，微分方程式の形で書かれているから，微分とはなにかが分からなければ，この法則の意味は十分に味わえない．さらに，運動方程式を積分することができれば，多くの現象がわかるようになる．これは一例であるが，大学の勉強がはじまれば，理工系のほとんどすべての学問で，微分積分がふんだんに使われているのが分かるであろう．

理工系の学問では，微分積分だけでなく，「数学」が言葉のように使われる．しかし，物理にしても，電気にしても，理工系の学問を講義しながら，これに必要な数学を教えることは，時間的にみても不可能に近い．これは，教える側の共通の悩みである．一方，学生にとっても，ただでさえ頭が痛くなるような理工系の学問を，とっつきにくい数学とともに習うのはたいへんなことであろう．

数学の勉強は外国などでの生活に似ている．はじめての町では，知らないことが多すぎたり，言葉がよく理解できなかったりで，何がなんだか分からないうちに一日が終わってしまう．しかし，しばらく滞在して，日常生活を送って近所の人々と話をしたり，自分の足で歩いたりしているうちに，いつのまにかその町のことが分かってくるものである．

数学もこれと同じで，最初は理解できないことがいろいろあるので，「数学はむずかしい」といって投げ出したくなるかもしれない．これは知らない町の生活になれていないようなものであって，しばらく我慢して想像力をはたらかせながら様子をみていると，「なるほど，こうなっているのか！」と納得するようになる．なんども読み返して，新しい概念や用語になれたり，自分で問題を解いたりしているうちに，いつのまにか数学が理解できるようになるものである．あせってはいけない．

直接役に立つ数学

「努力してみたが，やはり数学はむずかしい」という声もある．よく聞いてみると，「高校時代には数学が好きだったのに，大学では完全に落ちこぼれだ」という学生が意外に多い．

大学の数学は抽象性・論理性に重点をおくので，ちょっとした所でつまずいても，その後まったくついて行けなくなることがある．演習問題がむずかしいと，高校のときのように問題を解きながら学ぶ楽しみが少ない．数学を専攻する学生のための数学ではなく，応用としての数学，科学の言葉としての数学を勉強したい．もっと分かりやすい参考書がほしい．こういった理工系の学生の願いに応えようというのが，この『理工系の数学入門コース』である．

以上の観点から，理工系の学問においてひろく用いられている基本的な数学の科目を選んで，全8巻を構成した．その内容は，

1．微分積分	5．複素関数
2．線形代数	6．フーリエ解析
3．ベクトル解析	7．確率・統計
4．常微分方程式	8．数値計算

である．このすべてが大学1,2年の教科目に入っているわけではないが，各巻はそれぞれ独立に勉強でき，大学1年，あるいは2年で読めるように書かれている．読者のなかには，各巻のつながりを知りたいという人も多いと思うので，一応の道しるべとして，相互関係をイラストの形で示しておく．

この入門コースは，数学を専門的に扱うのではなく，理工系の学問を勉強するうえで，できるだけ直接に役立つ数学を目指したものである．いいかえれば，理工系の諸科目に共通した概念を，数学を通して眺め直したものといえる．長年にわたって多くの読者に親しまれている寺沢寛一著『数学概論』(岩波書店刊)は，「余は数学の専門家ではない」という文章から始まっている．入門コース全8巻の著者も，それぞれ「私は数学の専門家ではない」というだろう．むしろ，数学者でない立場を積極的に利用して，分かりやすい数学を紹介したい，というのが編者のねらいである．

記述はできるだけ簡単明瞭にし，定義・定理・証明のスタイルを避けた．ま

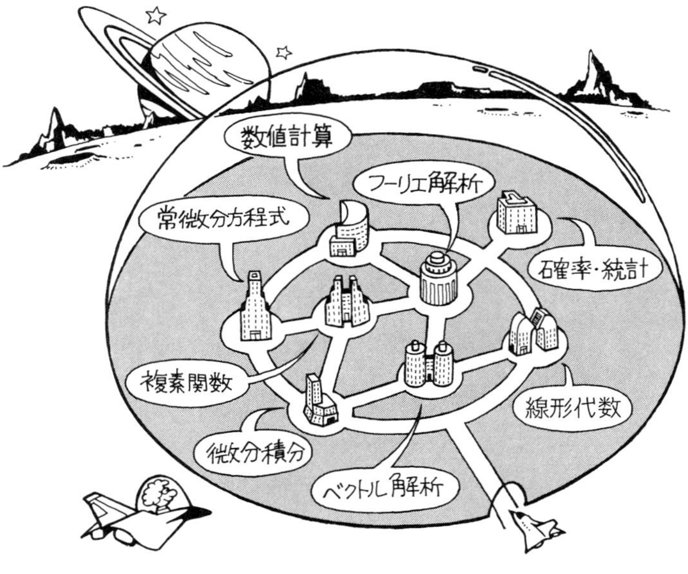

た，概念のイメージがわくような説明を心がけた．定義を厳正にし，定理を厳密に証明することはもちろん重要であり，厳正・厳密でない論証や直観的な推論には誤りがありうることも注意しなければならない．しかし，‘落とし穴’や‘つまずきの石’を強調して数学をつき合いにくいものとするよりは，数学を駆使して一人歩きする楽しさを，できるだけ多くの人に味わってもらいたいと思うのである．

すべてを理解しなくてもよい

この『理工系の数学入門コース』によって，数学に対する自信をもつようになり，より高度の専門書に進む読者があらわれるとすれば，編者にとって望外の喜びである．各巻末に添えた「さらに勉強するために」は，そのような場合に役立つであろう．

理解を確かめるため各節に例題と練習問題をつけ，さらに学力を深めるために各章末に演習問題を加えた．これらの解答は巻末に示されているが，できるだけ自力で解いてほしい．なによりも大切なのは，積極的な意欲である．「たたけよ，さらば開かれん」．たたかない者には真理の門は開かれない．本書を一度読んで，すぐにすべてを理解することはたぶん不可能であろう．またその必要もない．分からないところは何度も読んで，よく考えることである．大切なのは理解の速さではなく，理解の深さであると思う．

この入門コースをまとめるにあたって，編者は全巻の原稿を読み，執筆者にいろいろの注文をつけて，再三書き直しをお願いしたこともある．また，執筆者相互の意見や岩波書店編集部から絶えず示された見解も活用させてもらった．今後は読者の意見も聞きながら，いっそう改良を加えていきたい．

1988年4月8日

編者　戸田盛和
　　　広田良吾
　　　和達三樹

はじめに

理工系の学問においては，たがいに関連のあるいくつかの数をひとまとめにして扱うことが多い．このような場合に，いくつかの数を縦横に並べた「行列」が広く使われる．日常語で行列というと，大名行列や買物の行列のように人や物が並んだものをいうが，数学でいう行列は，直線あるいは平面上に数や数を表わす記号を並べたものである．

たとえば，結晶を押したりゆがませたりするいろいろなひずみに対する弾性定数の集まりとか，電気回路の各素子の抵抗，インピーダンスの集まりなどが行列を作る．しかし，このような例を挙げても，弾性とか回路とかの分野を学ばなければ，行列の意味も，その有効さも，行列の数学も具体的にわかってこないであろう．

そこで本書では，特殊な分野に入らずにわかるような日常的な場面で行列がどのように使えるかを示し，これにより行列とは何であるかをわかりやすく説明することからはじめる．そして行列がしたがう数学的な規則へと無理なく進めるように配慮した．

行列は数を平面上に並べたものであるが，その特別ないちばん簡単な場合として，いくつかの数を1列(あるいは1行)に並べたものを，とくにベクトルとよぶ．2つの数は2次元のベクトル，3つの数は3次元のベクトルであり，力学でおなじみの位置ベクトル，変位，速度，加速度，力などはベクトルである．ベクトルは矢印で表わすこともでき，幾何学的に理解しやすい．力学でよく知っているベクトルの和，差などの演算は，そのまま一般の n 個の数からなる n 次元ベクトルにもそのまま通用する．

n 次元ベクトルを m 個平行に並べると nm 個の数からなる行列ができる．行列はベクトルを並べたものとみることができるのである．ベクトルに対する演算規則を拡張することにより，行列に対する演算規則も定められる．こうして本書では，第1章から第2章にかけて，ベクトルと行列の演算が扱われる．

第2章でとり上げる日常的な買物の場面では，リンゴ，バナナ，ナシを何個かずつ買ったときの全体の金額が扱われる．全体の金額は，果物それぞれの個数の1次式で与えられるから，果物の個数から金額への変換は「1次変換」である．いくつかの店があって，店ごとに果物1個の値段がちがうとすると，それらの店で各果物を同じ個数だけ買うときの個数と全体の金額との関係は，いくつかの1次式，すなわち連立1次方程式で与えられる．買物に限らず，工費，材料，給与の見積りなど，大昔から連立1次方程式は極めて多くの場面で考えられ，その解法も古くから研究されたにちがいない．

連立1次方程式の解は「行列式」を用いて解くことができる．これが第3章，第4章のテーマである．世界で最初に行列式に気づいたのは日本の数学者関孝和(1642？-1708)であって，1683年に出した著書の中で，連立1次方程式の変数を消去する方法を考えて，行列式を正しく用いているといわれている．連立1次方程式の解は，その係数によって定まり，これを簡潔に与えるのが行列式なのである．ライプニッツも1693年にはこれに気づいていたが，行列式による解法は18世紀のクラメルによって定式化された．第4章ではクラメルの公式が述べられる．なお，行列式をはじめてdeterminantと呼んだのはガウス(1777-1855)であり，また，行列の積の行列式は行列式の積であるという定理をはじめて一般的に証明したのはコーシー(1789-1857)であった．このように行列式は古くてしかも案外新しいのである．

第5章では，連立1次方程式を同等であるがより単純な形に書き直し，その標準的な形を調べる．これによって連立1次方程式が解をもつかどうかを，一般的に吟味する方法も導かれる．

第6章では，行列を対角化する変換を扱い，固有振動などの具体的な問題についても学ぶ．

このように本書においては，とくに連立1次方程式にハイライトをあてながら，行列と1次変換について分かりやすい記述をすることをこころがけ，同時に読者が行列や行列式を十分に使いこなせるようになることを主な目標とした．そのため本書の内容は1次変換や線形代数といわれる数学の広い分野の一部に制限されることになったが，それでも相当広い内容になっていると思う．

なお，本書の記述は実数の範囲に留めたが，波動，電気回路，電磁場，量子力学などの分野では複素数の行列を用いることも多い．このため「さらに勉強するために」において複素数の行列に対する補遺を加え，さらに無限行列についても言及しておいた．

本書の執筆にあたっては，本コースの編者と他の巻の執筆者の先生方に多くの点で貴重な御教示をいただいた．さらに，岩波書店編集部の片山宏海氏には，本書を読みやすいものにする上で，ひとかたならぬお世話になった．これらの方々に厚くお礼を申し上げたい．

1989年5月

戸田盛和
浅野功義

目次

コーヒー・ブレイク

カット＝浅村彰二

1

ベクトル

自然界や人間社会に関するいろいろの量の中には，質量，価格のように，1つの数値で表わされるものと，速度や坂の勾配のように，大きさと向きをもつ量とがある．向きをもたない量をスカラーといい，大きさと向きをもつ量をベクトルという．この章では，平面と空間のベクトルから出発して，一般のベクトルの演算規則を学ぶ．

1-1 ベクトルの演算

平面と空間のベクトル 平面や空間において，大きさと向きをもつ量を**ベクトル**(vector)という．速度は，速度の大きさ(速さ)と向きをもつので，ベクトル量である．地図の上の点の位置は，基準となる点から測った距離と向きで決まるので，位置もベクトルで表わされる．これに対し，物体の体積や温度などのように，大きさだけで表わされる量は**スカラー**(scalar)とよばれる．

ベクトルを表わす方法は何通りかある．はじめに，平面や空間の中で図形的に表わす方法を考えよう．平面または空間で点Pを始点，点Qを終点とする向きをもった線分を**有向線分**といい，記号 $\overrightarrow{\mathrm{PQ}}$ で表わす(図1-1)．ベクトルは $\overrightarrow{\mathrm{PQ}}$ で表わすことができる．このとき線分PQの長さがベクトルの大きさを表わし，$\overrightarrow{\mathrm{PQ}}$ の向きがベクトルの向きを表わす．ベクトルの大きさは正の実数で表わされる．

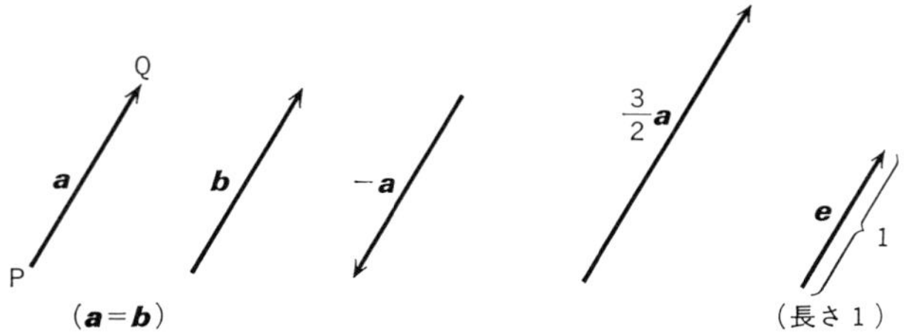

図1-1 ベクトル

有向線分 $\overrightarrow{\mathrm{PQ}}$ が，大きさと向きを変えないで平行移動をしたとき，$\overrightarrow{\mathrm{PQ}}$ は同じベクトルを表わすと考える．たとえば，自動車が一直線上を南に向かって時速60 km という一定の速さで走っているとき，速度のベクトルは，自動車が移動しても変わらないと考えるのである．

ベクトルを表わすのには，$\vec{a}, \vec{b}, \cdots$ あるいは $\boldsymbol{a}, \boldsymbol{b}, \cdots$ などの記号が使われる．この本では太文字を用いて $\boldsymbol{a}, \boldsymbol{b}, \cdots$ などと書こう．

2つのベクトル $\boldsymbol{a}, \boldsymbol{b}$ の大きさと向きが一致するとき「$\boldsymbol{a}$ と $\boldsymbol{b}$ は等しい」とい

い，式 $\boldsymbol{a}=\boldsymbol{b}$ で表わす．

ベクトル $\boldsymbol{a}$ の大きさを記号 $|\boldsymbol{a}|$ で表わす．$\boldsymbol{a}$ と大きさが同じで向きが逆のベクトルを**逆ベクトル**とよび，記号 $-\boldsymbol{a}$ で表わす．定義から $|\boldsymbol{a}|=|-\boldsymbol{a}|$ となる．

r を実数とするとき，記号 $r\boldsymbol{a}$ によって，大きさが $|r||\boldsymbol{a}|$ であり，$r>0$ のときは $\boldsymbol{a}$ と同じ向き，$r<0$ のときは $\boldsymbol{a}$ と逆向きのベクトルを表わす．$r\boldsymbol{a}$ を $\boldsymbol{a}$ の**実数倍**または $\boldsymbol{a}$ の**スカラー倍**という．定義から $|r\boldsymbol{a}|=|r||\boldsymbol{a}|$ となる．r と s が実数であるとき，公式

[1]　$r(s\boldsymbol{a}) = s(r\boldsymbol{a}) = rs\boldsymbol{a}$

が成立する．

大きさが1のベクトルを**単位ベクトル**(unit vector)とよび，記号 $\boldsymbol{e}$ で表わす．定義から $|\boldsymbol{e}|=1$ となる．$\boldsymbol{e}$ と $\boldsymbol{a}$ の向きが一致しているとき $\boldsymbol{a}=|\boldsymbol{a}|\boldsymbol{e}$，向きが逆であるとき $\boldsymbol{a}=-|\boldsymbol{a}|\boldsymbol{e}$ が成立する．

$\boldsymbol{a}$ に0をかけると大きさが0となる．このように，大きさが0となる量もベクトルと考え，これを**ゼロベクトル**(zero vector)あるいは**零**(れい)**ベクトル**とよぶ．ゼロベクトルを記号 $\mathbf{0}$ または単に0で表わす．ゼロベクトルには向きが定義されていない．また，r を実数とするとき $r\mathbf{0}=\mathbf{0}$ となる．

物理学や幾何学では，勝手に平行移動できないベクトルを扱うことがある．空間の1点Oを固定し，他の点Pの位置を有向線分 $\overrightarrow{\mathrm{OP}}$ で表わすとき，ベクトル $\overrightarrow{\mathrm{OP}}$ を**位置ベクトル**(position vector)という．$\overrightarrow{\mathrm{OP}}$ を平行移動すると，始点と終点がOとPから離れてしまうので，位置ベクトルは平行移動できない．平行移動できるベクトルを**自由ベクトル**(free vector)とよび，平行移動できないベクトルを**束縛ベクトル**(fixed vector)とよんで区別するが，この本では，特別な場合を除いて，いちいちこの区別を考えない．

ベクトルには，和，差，内積，および外積という4つの演算を行なうことができる．

ベクトルの和と差　空間の3点P, Q, Rを考えよう(図1-2)．ベクトル $\boldsymbol{a}=\overrightarrow{\mathrm{PQ}}$ とベクトル $\boldsymbol{b}=\overrightarrow{\mathrm{QR}}$ に対して，有向線分 $\overrightarrow{\mathrm{PR}}$ で表わされるベクトルを $\boldsymbol{a}$ と $\boldsymbol{b}$ の**和**といい，$\boldsymbol{a}+\boldsymbol{b}$ と書く：$\boldsymbol{a}+\boldsymbol{b}=\overrightarrow{\mathrm{PR}}$．$\overrightarrow{\mathrm{QR}}$ を平行移動して始点をPに一致さ

せた有向線分を $\overrightarrow{\mathrm{PS}}$ とする．$\boldsymbol{a}+\boldsymbol{b}$ は，P を共通の始点とする有向線分 $\overrightarrow{\mathrm{PQ}}$, $\overrightarrow{\mathrm{PS}}$ で作られる平行 4 辺形の P を通る対角線で表わされる．このことから，和 $\boldsymbol{a}+\boldsymbol{b}$ の作り方を**平行 4 辺形の法則**という．

ベクトル $\boldsymbol{a}$ とベクトル $-\boldsymbol{b}$ の和を $\boldsymbol{a}$ と $\boldsymbol{b}$ の**差**とよび，$\boldsymbol{a}-\boldsymbol{b}$ と書く（図 1-3）．すなわち $\boldsymbol{a}-\boldsymbol{b}=\boldsymbol{a}+(-\boldsymbol{b})$．$\boldsymbol{a}$ と $\boldsymbol{b}$ の始点を一致させると，$\boldsymbol{a}-\boldsymbol{b}$ は $\boldsymbol{b}$ の終点から $\boldsymbol{a}$ の終点へ向くベクトルとなる．とくに $\boldsymbol{a}=\boldsymbol{b}$ のとき $\boldsymbol{a}-\boldsymbol{b}$ はゼロベクトルである．

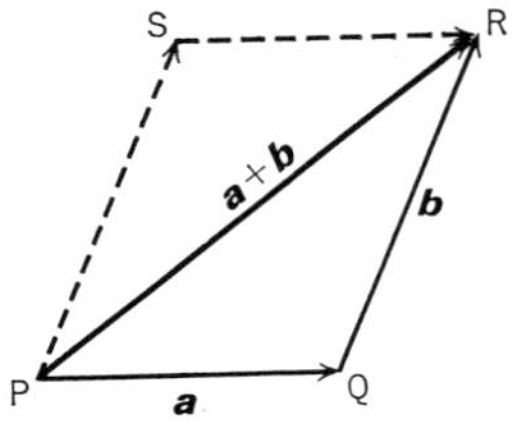

図 1-2　ベクトルの和

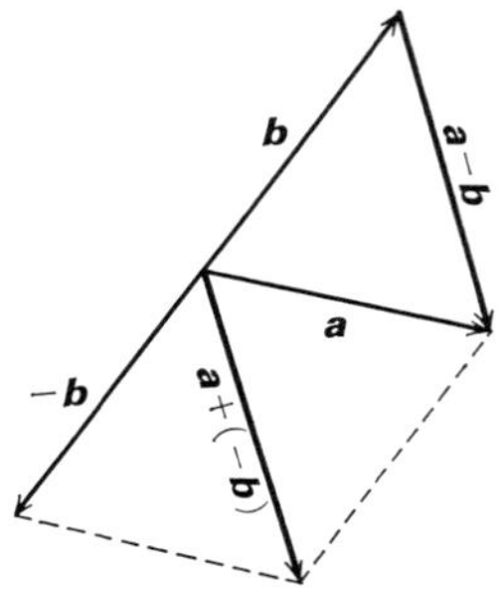

図 1-3　ベクトルの差

ベクトルの和について次の公式が成立する．以下の r と s は実数である．

[2]　$\boldsymbol{a}+\boldsymbol{b}=\boldsymbol{b}+\boldsymbol{a}$　　[交換則]

[3]　$(\boldsymbol{a}+\boldsymbol{b})+\boldsymbol{c}=\boldsymbol{a}+(\boldsymbol{b}+\boldsymbol{c})=\boldsymbol{a}+\boldsymbol{b}+\boldsymbol{c}$　　[結合則]

[4]　$r(\boldsymbol{a}+\boldsymbol{b})=r\boldsymbol{a}+r\boldsymbol{b}$

[5]　$(r+s)\boldsymbol{a}=r\boldsymbol{a}+s\boldsymbol{a}$　　[分配則]

公式 [3] は図 1-4 で示される関係を表わしている．

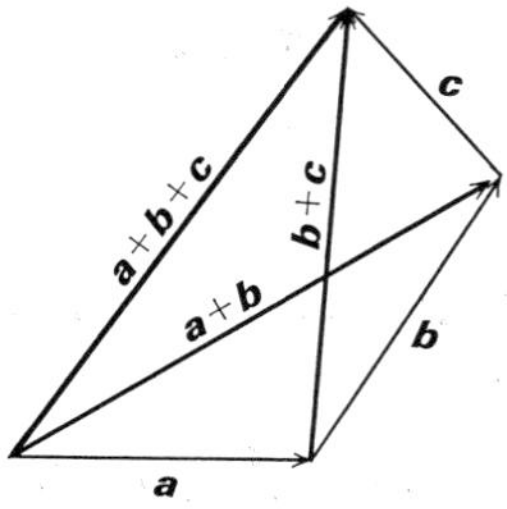

図 1-4　和の結合則

ベクトルの内積　空間の1点Pを始点とする2つのベクトルを $\boldsymbol{a}=\overrightarrow{\mathrm{PQ}}$，$\boldsymbol{b}=\overrightarrow{\mathrm{PR}}$ とし，$\overrightarrow{\mathrm{PQ}}$ と $\overrightarrow{\mathrm{PR}}$ の作る2つの角のうち小さい方を θ とする(図1-5)．$\theta=0$ と $\theta=\pi$ も含んで，θ は $0\leqq\theta\leqq\pi$ の範囲にあるとしよう．この θ を $\boldsymbol{a}$ と $\boldsymbol{b}$ のなす**角**という．$\boldsymbol{a}$ と $\boldsymbol{b}$ で決まる数値 $|\boldsymbol{a}||\boldsymbol{b}|\cos\theta$ を $\boldsymbol{a}$ と $\boldsymbol{b}$ の**内積**または**スカラー積**といい，記号 $\boldsymbol{a}\cdot\boldsymbol{b}$ または $(\boldsymbol{a},\boldsymbol{b})$ などで表わす．この本では $\boldsymbol{a}\cdot\boldsymbol{b}$ を使う．

$$\boldsymbol{a}\cdot\boldsymbol{b} = |\boldsymbol{a}||\boldsymbol{b}|\cos\theta \tag{1.1}$$

この $\boldsymbol{a}\cdot\boldsymbol{b}$ はベクトルではなく，ただの数，すなわちスカラーである．スカラー積とスカラー倍 $r\boldsymbol{a}$ の区別に注意しよう．また，図1-5からわかるように，内積 $\boldsymbol{a}\cdot\boldsymbol{b}$ は $\boldsymbol{b}$ を $\boldsymbol{a}$ の向きへ射影した長さ $|\boldsymbol{b}|\cos\theta$ と $|\boldsymbol{a}|$ の積に等しい．

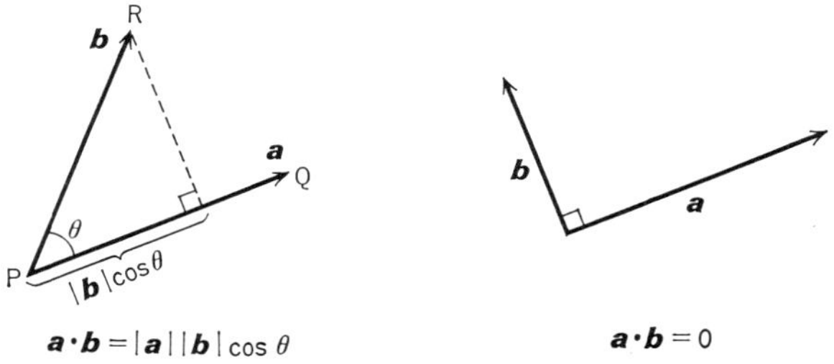

図1-5　内　　積

$\boldsymbol{a}$ または $\boldsymbol{b}$ が $\boldsymbol{0}$ であれば，θ は定義できないが，内積は0であると定義しておく：$\boldsymbol{a}\cdot\boldsymbol{0}=\boldsymbol{0}\cdot\boldsymbol{b}=0$．$\theta=0$ または $\theta=\pi$ のとき $\boldsymbol{a}$ と $\boldsymbol{b}$ は**平行**であるといい，式 $\boldsymbol{a}\,/\!/\,\boldsymbol{b}$ でこの関係を表わす．$\theta=0$ の場合を平行，$\theta=\pi$ の場合を**反平行**といって区別する場合もある．$\theta=\pi/2$ のとき $\boldsymbol{a}$ と $\boldsymbol{b}$ は**直交**するといい，式 $\boldsymbol{a}\perp\boldsymbol{b}$ でこの関係を表わす．(1.1)式から，$\boldsymbol{a}\perp\boldsymbol{b}$ ならば $\boldsymbol{a}\cdot\boldsymbol{b}=0$ となる．

内積 $\boldsymbol{a}\cdot\boldsymbol{b}=0$ であっても，必ずしも $\boldsymbol{a}=0$ または $\boldsymbol{b}=0$ ではないことに注意しよう．$\boldsymbol{a}\cdot\boldsymbol{b}=0$ ならば，(1) $\boldsymbol{a}=0$，または (2) $\boldsymbol{b}=0$，または (3) $\boldsymbol{a}\perp\boldsymbol{b}$ のどれかが成立する．

内積について次の公式が成立する．

[6]　$\boldsymbol{a}\cdot\boldsymbol{b} = \boldsymbol{b}\cdot\boldsymbol{a}$　　　［交換則］

[7]　$(\boldsymbol{a}+\boldsymbol{b})\cdot\boldsymbol{c} = \boldsymbol{a}\cdot\boldsymbol{c}+\boldsymbol{b}\cdot\boldsymbol{c}$　　　［分配則］

[8] $(r\boldsymbol{a})\cdot\boldsymbol{b} = \boldsymbol{a}\cdot(r\boldsymbol{b}) = r\boldsymbol{a}\cdot\boldsymbol{b}$ （r は実数）

例題 1.1 次の関係を示せ.

(1) $$\boldsymbol{a}\cdot\boldsymbol{a} = |\boldsymbol{a}|^2 \geqq 0, \qquad |\boldsymbol{a}| = \sqrt{\boldsymbol{a}\cdot\boldsymbol{a}}$$

(2) $$|\boldsymbol{a}+\boldsymbol{b}|^2 = |\boldsymbol{a}|^2+2\boldsymbol{a}\cdot\boldsymbol{b}+|\boldsymbol{b}|^2$$

とくに $\boldsymbol{a}\perp\boldsymbol{b}$ のとき

$$|\boldsymbol{a}+\boldsymbol{b}|^2 = |\boldsymbol{a}|^2+|\boldsymbol{b}|^2$$

(3) $$|\boldsymbol{a}\cdot\boldsymbol{b}| \leqq |\boldsymbol{a}||\boldsymbol{b}| \qquad \text{（シュワルツの不等式）} \qquad (1.2)$$

[解] (1) (1.1)式で $\boldsymbol{a}=\boldsymbol{b}$ なら $\theta=0$. このとき，(1.1)は $\boldsymbol{a}\cdot\boldsymbol{a}=|\boldsymbol{a}|^2$ となり $|\boldsymbol{a}|=\sqrt{\boldsymbol{a}\cdot\boldsymbol{a}}$ が得られる.

(2) (1)の結果を $\boldsymbol{a}+\boldsymbol{b}$ に対して使うと，$|\boldsymbol{a}+\boldsymbol{b}|^2=(\boldsymbol{a}+\boldsymbol{b})\cdot(\boldsymbol{a}+\boldsymbol{b})$ が成立する. 公式の[6]と[7]から，$(\boldsymbol{a}+\boldsymbol{b})\cdot(\boldsymbol{a}+\boldsymbol{b})=\boldsymbol{a}\cdot(\boldsymbol{a}+\boldsymbol{b})+\boldsymbol{b}\cdot(\boldsymbol{a}+\boldsymbol{b})=\boldsymbol{a}\cdot\boldsymbol{a}+\boldsymbol{a}\cdot\boldsymbol{b}+\boldsymbol{b}\cdot\boldsymbol{a}+\boldsymbol{b}\cdot\boldsymbol{b}=\boldsymbol{a}\cdot\boldsymbol{a}+2\boldsymbol{a}\cdot\boldsymbol{b}+\boldsymbol{b}\cdot\boldsymbol{b}$. したがって

$$|\boldsymbol{a}+\boldsymbol{b}|^2 = |\boldsymbol{a}|^2+2\boldsymbol{a}\cdot\boldsymbol{b}+|\boldsymbol{b}|^2$$

とくに $\boldsymbol{a}\perp\boldsymbol{b}$ のとき $\boldsymbol{a}\cdot\boldsymbol{b}=0$ であるから，

$$|\boldsymbol{a}+\boldsymbol{b}|^2 = \boldsymbol{a}\cdot\boldsymbol{a}+\boldsymbol{b}\cdot\boldsymbol{b} = |\boldsymbol{a}|^2+|\boldsymbol{b}|^2$$

(3) $|\boldsymbol{a}||\boldsymbol{b}|\neq 0$ のとき(1.1)式から

$$|\cos\theta| = \frac{|\boldsymbol{a}\cdot\boldsymbol{b}|}{|\boldsymbol{a}||\boldsymbol{b}|} \leqq 1$$

$$\therefore \quad |\boldsymbol{a}\cdot\boldsymbol{b}| \leqq |\boldsymbol{a}||\boldsymbol{b}|$$

とくに $\theta=0$ ならばこれらの式と(1.2)式において等号が成立する.

$|\boldsymbol{a}|=0$ または $|\boldsymbol{b}|=0$ のときは，$\boldsymbol{a}=0$ または $\boldsymbol{b}=0$ であるから，$\boldsymbol{a}\cdot\boldsymbol{b}=0$ となってやはり(1.2)の等号が成立する.

別の証明法を述べておこう. r を実数，$\boldsymbol{a}\neq 0$, $\boldsymbol{b}\neq 0$ とする. 一般に $|r\boldsymbol{a}+\boldsymbol{b}|^2 \geqq 0$ であるから，上の(2)を使って

$$|r\boldsymbol{a}+\boldsymbol{b}|^2 = r^2|\boldsymbol{a}|^2+2r\boldsymbol{a}\cdot\boldsymbol{b}+|\boldsymbol{b}|^2 \geqq 0$$

この中の式を書き直すと，これは

$$|\boldsymbol{a}|^2\left(r+\frac{(\boldsymbol{a}\cdot\boldsymbol{b})}{|\boldsymbol{a}|^2}\right)^2+\frac{|\boldsymbol{a}|^2|\boldsymbol{b}|^2-(\boldsymbol{a}\cdot\boldsymbol{b})^2}{|\boldsymbol{a}|^2} \geqq 0$$

となる．これが任意の実数 r に対して成立するためには，

$$|\boldsymbol{a}|^2|\boldsymbol{b}|^2-(\boldsymbol{a}\cdot\boldsymbol{b})^2 \geqq 0$$

でなければならない．これから(1.2)が得られる．❙

ベクトルの外積　空間のベクトルには内積のほかに外積またはベクトル積とよばれる積がある．

はじめに，共通の始点をもつ 3 つのベクトル $\boldsymbol{a}, \boldsymbol{b}, \boldsymbol{c}$ の組 $\{\boldsymbol{a}, \boldsymbol{b}, \boldsymbol{c}\}$ について考える．図 1–6 は点 O, O′ を始点とするベクトル $\boldsymbol{a}, \boldsymbol{b}, \boldsymbol{c}$ を表わす．$\boldsymbol{a}$ と $\boldsymbol{b}$ は直交するとは限らないが，$\boldsymbol{c}\perp\boldsymbol{a}$，$\boldsymbol{c}\perp\boldsymbol{b}$ であるとしよう．図 1–6 において，$\boldsymbol{a}$ と $\boldsymbol{b}$ が作る角 θ を変えずに，平行移動と回転だけによって，同図の (a) と (b) の $\boldsymbol{a}, \boldsymbol{b}, \boldsymbol{c}$ をそれぞれ重ね合わせることはできない．このことから，ベクトルの組 $\{\boldsymbol{a}, \boldsymbol{b}, \boldsymbol{c}\}$ は，(a) と (b) とでは異なる構造をもっていることがわかる．右手のこぶしを親指，人さし指，中指の順に開くと，だいたい (a) の $\boldsymbol{a}, \boldsymbol{b}, \boldsymbol{c}$ の向きになるので，(a) の配列 $\{\boldsymbol{a}, \boldsymbol{b}, \boldsymbol{c}\}$ を**右手系**という．同じような意味で，(b) の配列は**左手系**とよばれる．

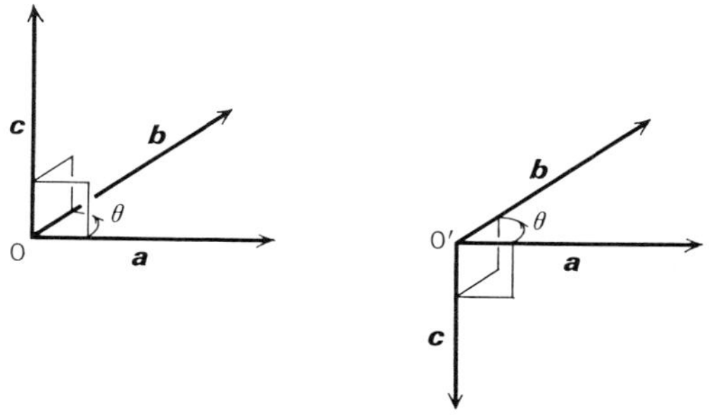

(a) 右手系　　(b) 左手系

図 1–6

さて，$\boldsymbol{a}, \boldsymbol{b}$ と単位ベクトル $\boldsymbol{e}$ が右手系 $\{\boldsymbol{a}, \boldsymbol{b}, \boldsymbol{e}\}$ を作っているとし，$\boldsymbol{a}$ と $\boldsymbol{b}$ の**外積**または**ベクトル積**とよばれるベクトルを $\boldsymbol{a}\times\boldsymbol{b}$ と書き

$$\boldsymbol{a}\times\boldsymbol{b} = |\boldsymbol{a}||\boldsymbol{b}|(\sin\theta)\boldsymbol{e} \qquad (1.3)$$

で定義する．ここで，θ は $\boldsymbol{a}$ からみた $\boldsymbol{b}$ の角度である．$\boldsymbol{a}\times\boldsymbol{b}$ の向きは図 1–6 (a) の $\boldsymbol{c}$ の向きと一致する (図 1–7)．ここでベクトル $\boldsymbol{a}\times\boldsymbol{b}$ の大きさ $|\boldsymbol{a}||\boldsymbol{b}|\sin\theta$

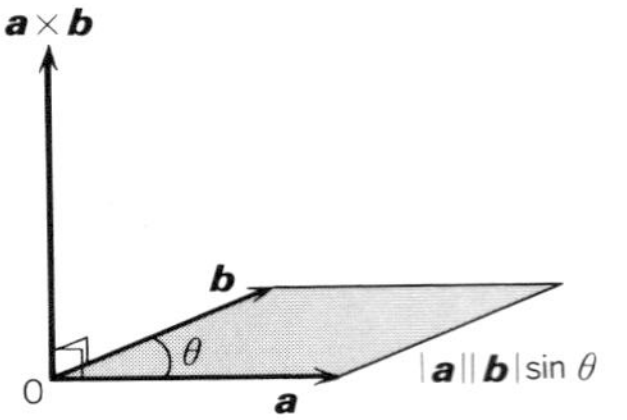

図 1–7

は，ベクトル $\boldsymbol{a}$ と $\boldsymbol{b}$ が作る平行 4 辺形の面積に等しい(例題 1.3 参照).

定義からベクトルの組 $\{\boldsymbol{a}, \boldsymbol{b}, \boldsymbol{a}\times\boldsymbol{b}\}$ は右手系を作っている．また，$\boldsymbol{a}\times\boldsymbol{b}$ は $\boldsymbol{a}$ にも $\boldsymbol{b}$ にも直交している.

$\boldsymbol{a}$ または $\boldsymbol{b}$ が 0 のときは，$\boldsymbol{a}\times\boldsymbol{b}=0$ であると定義する．したがって，$\boldsymbol{a}\times\boldsymbol{b}=0$ のときは，(1) $\boldsymbol{a}=0$，または (2) $\boldsymbol{b}=0$，または (3) $\boldsymbol{a}\parallel\boldsymbol{b}$ のどれかが成立する.

例題 1.2 ベクトル $\boldsymbol{a}$ を，ベクトル $\boldsymbol{b}$ に平行なベクトル $a\boldsymbol{b}$ と，ベクトル $\boldsymbol{b}$ に垂直なベクトル $\boldsymbol{a}'$ とに分解する(図 1–8).

すなわち

$$\boldsymbol{a} = a\boldsymbol{b}+\boldsymbol{a}' \quad (\boldsymbol{a}'\perp\boldsymbol{b}) \qquad (1.4)$$

このとき

$$\boldsymbol{a}\times\boldsymbol{b} = \boldsymbol{a}'\times\boldsymbol{b} \qquad (1.5)$$

が成り立つことを示せ.

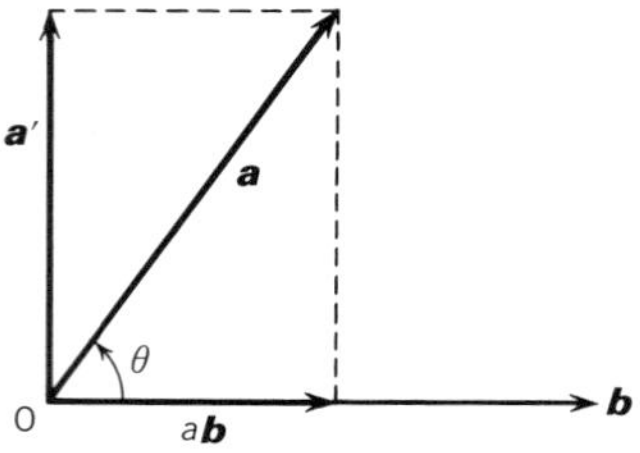

図 1–8

[解] ベクトル $\boldsymbol{a}\times\boldsymbol{b}$ は $\boldsymbol{a}$ と $\boldsymbol{b}$ とに垂直であり，$\boldsymbol{a}'\times\boldsymbol{b}$ も同じ向きにある(図 1–8 で紙面に垂直下向き)．そして $|\boldsymbol{a}'|=|\boldsymbol{a}|\sin\theta$ なので

$$|\boldsymbol{a}\times\boldsymbol{b}| = |\boldsymbol{a}||\boldsymbol{b}|\sin\theta = |\boldsymbol{a}'\times\boldsymbol{b}|$$

したがって(1.5)が成り立つ. ❙

外積については次の公式が成立する.

[9] $\boldsymbol{a}\times\boldsymbol{b} = -\boldsymbol{b}\times\boldsymbol{a}$ ［反交換則］

[10] $(r\boldsymbol{a})\times\boldsymbol{b} = r(\boldsymbol{a}\times\boldsymbol{b}) = \boldsymbol{a}\times(r\boldsymbol{b})$

[11] $(\boldsymbol{a}+\boldsymbol{b})\times\boldsymbol{c} = \boldsymbol{a}\times\boldsymbol{c}+\boldsymbol{b}\times\boldsymbol{c}$ ［分配則］

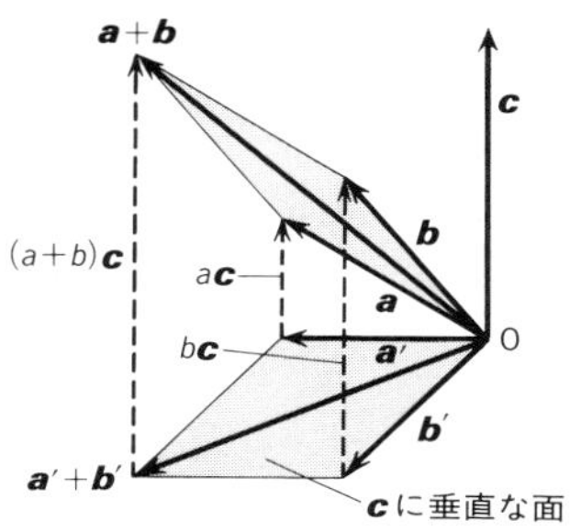

図 1–9

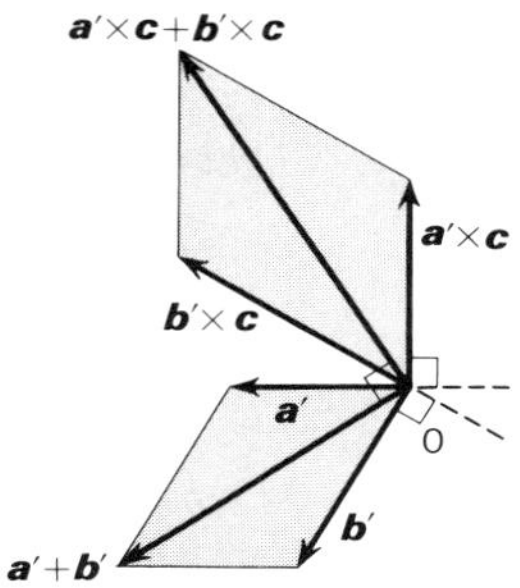

図 1–10

外積 $\boldsymbol{a}\times\boldsymbol{b}$ で $\boldsymbol{a}$ と $\boldsymbol{b}$ を入れ替えると，θ が $-\theta$ に替わるので，[9]が成立する．[10]は $|r\boldsymbol{a}|$ の性質と(1. 3)式から導かれる．[11]は次のように証明される．

まずベクトル $\boldsymbol{a}, \boldsymbol{b}, \boldsymbol{a}+\boldsymbol{b}$ を図 1–9 のようにそれぞれ $\boldsymbol{c}$ に平行なベクトル $a\boldsymbol{c}$, $b\boldsymbol{c}$, $(a+b)\boldsymbol{c}$ および $\boldsymbol{c}$ に垂直なベクトル $\boldsymbol{a}', \boldsymbol{b}', (\boldsymbol{a}+\boldsymbol{b})'=\boldsymbol{a}'+\boldsymbol{b}'$ に分解する．すると(1. 5)式により

$$\begin{aligned}&\boldsymbol{a}\times\boldsymbol{c} = \boldsymbol{a}'\times\boldsymbol{c}, \qquad \boldsymbol{b}\times\boldsymbol{c} = \boldsymbol{b}'\times\boldsymbol{c}\\ &(\boldsymbol{a}+\boldsymbol{b})\times\boldsymbol{c} = (\boldsymbol{a}+\boldsymbol{b})'\times\boldsymbol{c} = (\boldsymbol{a}'+\boldsymbol{b}')\times\boldsymbol{c}\end{aligned} \tag{1. 6}$$

となる．このとき $\boldsymbol{a}'\times\boldsymbol{c}$ と $\boldsymbol{b}'\times\boldsymbol{c}$ はそれぞれ $\boldsymbol{a}'$ と $\boldsymbol{c}$，$\boldsymbol{b}'$ と $\boldsymbol{c}$ に垂直で，大きさの比は $|\boldsymbol{a}'|$ と $|\boldsymbol{b}'|$ の比に等しい．したがって，$\boldsymbol{c}$ に垂直な平面を示した図 1–10 において $\boldsymbol{a}'$ と $\boldsymbol{b}'$ が作る平行 4 辺形は，$\boldsymbol{a}'\times\boldsymbol{c}$ と $\boldsymbol{b}'\times\boldsymbol{c}$ が作る平行 4 辺形と相似であって，90° 回せば向きがそろう．この相似関係と $\boldsymbol{a}'\times\boldsymbol{c}$ と $\boldsymbol{b}'\times\boldsymbol{c}$ が $\boldsymbol{c}$ に垂直であることから，

$$\frac{|\boldsymbol{a}'\times\boldsymbol{c}+\boldsymbol{b}'\times\boldsymbol{c}|}{|\boldsymbol{a}'+\boldsymbol{b}'|} = \frac{|\boldsymbol{a}'\times\boldsymbol{c}|}{|\boldsymbol{a}'|} = \frac{|\boldsymbol{b}'\times\boldsymbol{c}|}{|\boldsymbol{b}'|} = |\boldsymbol{c}| \tag{1. 7}$$

を得る．よって

$$|\boldsymbol{a}'\times\boldsymbol{c}+\boldsymbol{b}'\times\boldsymbol{c}| = |\boldsymbol{a}'+\boldsymbol{b}'||\boldsymbol{c}|$$

となるが，ここで $\boldsymbol{a}'\times\boldsymbol{c}+\boldsymbol{b}'\times\boldsymbol{c}$ は $(\boldsymbol{a}'+\boldsymbol{b}')\times\boldsymbol{c}$ と方向が一致することを考慮すれば

$$\boldsymbol{a}'\times\boldsymbol{c}+\boldsymbol{b}'\times\boldsymbol{c} = (\boldsymbol{a}'+\boldsymbol{b}')\times\boldsymbol{c} \tag{1. 8}$$

を得る．したがって(1.6)式を用いれば

$$\boldsymbol{a}\times\boldsymbol{c}+\boldsymbol{b}\times\boldsymbol{c} = (\boldsymbol{a}+\boldsymbol{b})\times\boldsymbol{c}$$

となる．これによって[11]は証明された．┃

例題 1.3 ベクトルの外積 $\boldsymbol{a}\times\boldsymbol{b}$ の大きさ $|\boldsymbol{a}\times\boldsymbol{b}|$ は $\boldsymbol{a},\boldsymbol{b}$ を 2 辺とする平行 4 辺形の面積に等しく，また，$|(\boldsymbol{a}\times\boldsymbol{b})\cdot\boldsymbol{c}|$ は $\boldsymbol{a},\boldsymbol{b},\boldsymbol{c}$ を 3 辺とする平行 6 面体の体積に等しいことを示せ．

[解] (1.3)式から $|\boldsymbol{a}\times\boldsymbol{b}|=|\boldsymbol{a}||\boldsymbol{b}|\sin\theta$. この式の右辺は角 θ で交わるベクトル $\boldsymbol{a},\boldsymbol{b}$ が作る平行 4 辺形の面積を表わす．また，図 1-11 に示すように，$\boldsymbol{a}\times\boldsymbol{b}$ と $\boldsymbol{c}$ の作る角を ϕ とすれば，(1.1)式を使って $(\boldsymbol{a}\times\boldsymbol{b})\cdot\boldsymbol{c}=|\boldsymbol{a}\times\boldsymbol{b}||\boldsymbol{c}|\cos\phi$. 右辺の絶対値は，底辺が $\boldsymbol{a}$ と $\boldsymbol{b}$ で張られ，高さが $|\boldsymbol{c}||\cos\phi|$ である平行 6 面体の体積に等しい．┃

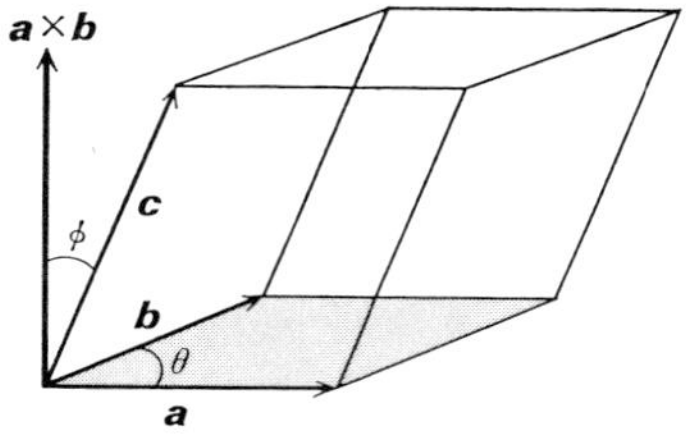

図 1-11 $|\boldsymbol{a}\times\boldsymbol{b}|$ と $|(\boldsymbol{a}\times\boldsymbol{b})\cdot\boldsymbol{c}|$

問 題 1-1

1. $\boldsymbol{a}\,/\!/\,\boldsymbol{b}$ でないとき，$(\boldsymbol{a}-r\boldsymbol{b})\perp\boldsymbol{b}$ となるように実数 r を定めよ．$\boldsymbol{b}\neq 0$ とする．

2. 原点を始点とし，点 A, B を終点とするベクトルをそれぞれ $\boldsymbol{a},\boldsymbol{b}$ とするとき，A, B を通る直線は $\boldsymbol{x}=\boldsymbol{a}+(\boldsymbol{b}-\boldsymbol{a})t$ と表わせることを示せ．ただし t は変数のパラメタである．

3. $\boldsymbol{a}\neq 0$ とし，$\boldsymbol{a}$ に直交するあるベクトルを $\boldsymbol{b}$ とする．$\boldsymbol{a}$ と $\boldsymbol{b}$ を含む平面上のベクトル $\boldsymbol{x}$ は，r と s を実数として $\boldsymbol{x}=r\boldsymbol{a}+s\boldsymbol{b}$ と書ける．このとき，r と s を $\boldsymbol{x},\boldsymbol{a},\boldsymbol{b}$ で表わせ．

4. $\boldsymbol{a}\cdot(\boldsymbol{b}\times\boldsymbol{c})=\boldsymbol{b}\cdot(\boldsymbol{c}\times\boldsymbol{a})=\boldsymbol{c}\cdot(\boldsymbol{a}\times\boldsymbol{b})$ を証明せよ．

1–2　ベクトルと座標

数ベクトル　これまではベクトルを有向線分で表わしてきたが，ベクトルは，いくつかの数の組によって表わすこともできる．平面上に直交座標系を作り，点の位置を座標 (x, y) で表わす(図 1–12)．始点が原点，終点が点 (x, y) のベクトル $\boldsymbol{x}$ を実数の組 (x, y) で表わしてもよい．ベクトル

$$\boldsymbol{x} = (x, y) \tag{1.9}$$

は終点の座標 (x, y) と同じ記号であるが，とくに区別する必要はない．

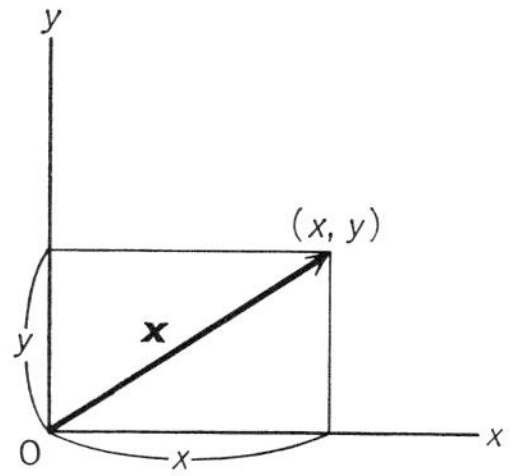

図 1–12

同じ記法を使うと，終点の座標が直交直線座標系において (x, y, z) であるような空間の点を終点とするベクトル $\boldsymbol{x}$ は

$$\boldsymbol{x} = (x, y, z) \tag{1.9$'$}$$

と表わされる．ベクトルをこのように数の組で表わしたものを**数ベクトル**という．有向線分で表わしたベクトルを幾何的ベクトルとすれば，数ベクトルは代数的ベクトルである．

数ベクトルは

$$\boldsymbol{x} = \begin{pmatrix} x \\ y \end{pmatrix}, \quad \boldsymbol{x} = \begin{pmatrix} x \\ y \\ z \end{pmatrix} \tag{1.10}$$

のように，縦に並べて書くこともある．横に並べたものを**行ベクトル**(**横ベクトル**)，縦に並べたものを**列ベクトル**(**縦ベクトル**)という．

数ベクトルでは，x, y または x, y, z などを**成分**とよび，成分の個数をそのベクトルの**次元**という．平面上のベクトルは 2 次元ベクトル，空間のベクトルは 3 次元ベクトルである．

3 次元の行ベクトルを例として，ベクトルの演算を成分で表わそう．以下では，ベクトル $\boldsymbol{a}$ の成分を a_1, a_2, a_3 で表わし

$$\boldsymbol{a} = (a_1, a_2, a_3) \tag{1.11}$$

と書く (図 1–13)．ピタゴラスの定理を 2 回使って，$\boldsymbol{a}$ の大きさ $|\boldsymbol{a}|$ が

$$\begin{aligned} |\boldsymbol{a}| &= |(a_1, a_2, a_3)| \\ &= ({a_1}^2+{a_2}^2+{a_3}^2)^{1/2} \end{aligned} \tag{1.12}$$

となることがわかる．

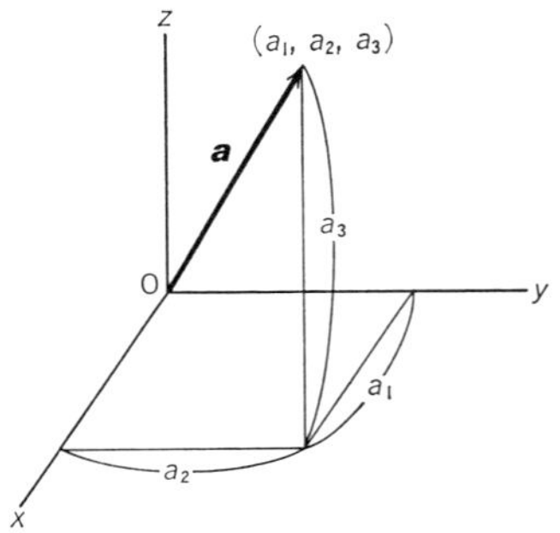

図 1–13

$\boldsymbol{a}=0$ は $|\boldsymbol{a}|=0$ または $a_1=a_2=a_3=0$ と同等である．さらに，スカラー倍，和と差，内積，外積は次のように表わせる．

[1]　スカラー倍

$$r\boldsymbol{a} = r(a_1, a_2, a_3) = (ra_1, ra_2, ra_3)$$

[2]　和と差

$$\begin{aligned} \boldsymbol{a}+\boldsymbol{b} &= (a_1, a_2, a_3)+(b_1, b_2, b_3) \\ &= (a_1+b_1, a_2+b_2, a_3+b_3) \\ \boldsymbol{a}-\boldsymbol{b} &= (a_1, a_2, a_3)-(b_1, b_2, b_3) \\ &= (a_1-b_1, a_2-b_2, a_3-b_3) \end{aligned}$$

[3] 内積

$$\boldsymbol{a}\cdot\boldsymbol{b} = (a_1, a_2, a_3)\cdot(b_1, b_2, b_3)$$
$$= a_1b_1+a_2b_2+a_3b_3$$

$\boldsymbol{a}$ を横ベクトル，$\boldsymbol{b}$ を縦ベクトルで表わせば，内積は

$$\boldsymbol{a}\cdot\boldsymbol{b} = (a_1, a_2, a_3)\begin{pmatrix} b_1 \\ b_2 \\ b_3 \end{pmatrix} = a_1b_1+a_2b_2+a_3b_3$$

と書ける．

[4] 外積

$$\boldsymbol{a}\times\boldsymbol{b} = (a_1, a_2, a_3)\times(b_1, b_2, b_3)$$
$$= (a_2b_3-b_2a_3, a_3b_1-b_3a_1, a_1b_2-b_1a_2)$$

とくに 2 次元のベクトル $\boldsymbol{a}=(a_1, a_2, 0)$ と $\boldsymbol{b}=(b_1, b_2, 0)$ の外積は

$$\boldsymbol{a}\times\boldsymbol{b} = (0, 0, a_1b_2-b_1a_2)$$

と書ける．

公式[2]は，図 1–2 と図 1–3 で表わされた平行 4 辺形の法則を思い起こせば理解できる．[3]は例題 1.5 で証明する．[4]は基本ベクトルを定義した後で証明しよう(18 ページ)．

例題 1.4 次のベクトルを数ベクトルで表わせ．

(1) 与えられたベクトル $\boldsymbol{a}=(a_1, a_2, a_3)$ に平行なベクトル．ただし $\boldsymbol{a}\neq 0$ とする．

(2) 始点が $\mathrm{A}(a_1, a_2, a_3)$，終点が $\mathrm{B}(b_1, b_2, b_3)$ の有向線分で表わされるベクトル．

[解] (1) 平行なベクトルは，始点を一致させるとすべて同一の有向線分と重なる．したがって，$\boldsymbol{a}$ に平行なベクトルは $\boldsymbol{a}$ のスカラー倍 $r\boldsymbol{a}$ (r は実数) となり，その成分は，公式 [1] から (ra_1, ra_2, ra_3) と表わされる．

(2) 原点を O とすると，求めるベクトルは $\overrightarrow{\mathrm{AB}}=\overrightarrow{\mathrm{OB}}-\overrightarrow{\mathrm{OA}}$ と表わされる(図 1–14)．$\overrightarrow{\mathrm{OB}}=(b_1, b_2, b_3)$，$\overrightarrow{\mathrm{OA}}=(a_1, a_2, a_3)$ を代入し，公式 [2] を使うと

$$\overrightarrow{\mathrm{AB}} = (b_1-a_1, b_2-a_2, b_3-a_3) \tag{1.13}$$

となる. ❙

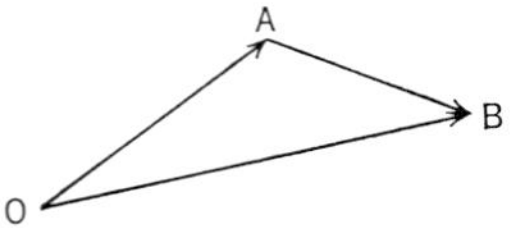

図 1–14 $\overrightarrow{\mathrm{AB}}=\overrightarrow{\mathrm{OB}}-\overrightarrow{\mathrm{OA}}$

例題 1.5 例題 1.1 の (2) の関係式を使って，上の内積公式 [3] を証明せよ.

[解] 例題 1.1 の (2) から

$$\boldsymbol{a}\cdot\boldsymbol{b} = \frac{1}{2}(|\boldsymbol{a}+\boldsymbol{b}|^2-|\boldsymbol{a}|^2-|\boldsymbol{b}|^2)$$

公式 [2] と (1.12) 式を使うと

$$\begin{aligned}\boldsymbol{a}\cdot\boldsymbol{b} &= \frac{1}{2}\{(a_1+b_1)^2+(a_2+b_2)^2+(a_3+b_3)^2\\ &\quad -({a_1}^2+{a_2}^2+{a_3}^2)-({b_1}^2+{b_2}^2+{b_3}^2)\}\\ &= a_1b_1+a_2b_2+a_3b_3\end{aligned}$$ ❙

例題 1.6 数ベクトルの公式 [3] と [4] を使って，内積の分配則 (5 ページ) と外積の分配則 (8 ページ) が成り立つことを示せ.

[解] 内積の分配則: $\boldsymbol{a}+\boldsymbol{b}$ の成分は $(a_1+b_1, a_2+b_2, a_3+b_3)$ であるから

$$\begin{aligned}(\boldsymbol{a}+\boldsymbol{b})\cdot\boldsymbol{c} &= (a_1+b_1)c_1+(a_2+b_2)c_2+(a_3+b_3)c_3\\ &= a_1c_1+a_2c_2+a_3c_3+b_1c_1+b_2c_2+b_3c_3\\ &= \boldsymbol{a}\cdot\boldsymbol{c}+\boldsymbol{b}\cdot\boldsymbol{c}\end{aligned}$$

外積の分配則: $(\boldsymbol{a}+\boldsymbol{b})\times\boldsymbol{c}$ の第 1 成分 (x 成分) は

$$(a_2+b_2)c_3-c_2(a_3+b_3) = (a_2c_3-c_2a_3)+(b_2c_3-c_2b_3)$$

右辺の第 1 項と第 2 項はそれぞれ $\boldsymbol{a}\times\boldsymbol{c}$ と $\boldsymbol{b}\times\boldsymbol{c}$ の第 1 成分となっている.

$(\boldsymbol{a}+\boldsymbol{b})\times\boldsymbol{c}$ の第 2 成分 (y 成分)，第 3 成分 (z 成分) も同様に，$\boldsymbol{a}\times\boldsymbol{c}+\boldsymbol{b}\times\boldsymbol{c}$ の対応する成分に等しいことが示される. ❙

例題 1.7 平面上のベクトル $\boldsymbol{a}$ の成分が直交 $X-Y$ 座標系で (x, y) であるとき，座標軸を原点のまわりに θ だけ回転した新しい直交 X'–Y' 座標系では $\boldsymbol{a}$ の成分はどう表わされるか.

[解] X'–Y' 座標系で $\boldsymbol{a}$ の成分を (x', y') とする. 図 1–15 から，x, y と x', y'

との関係は

$$x = x'\cos\theta - y'\sin\theta, \qquad y = x'\sin\theta + y'\cos\theta$$
$$x' = x\cos\theta + y\sin\theta, \qquad y' = y\cos\theta - x\sin\theta \tag{1.14}$$

となることがわかる．|

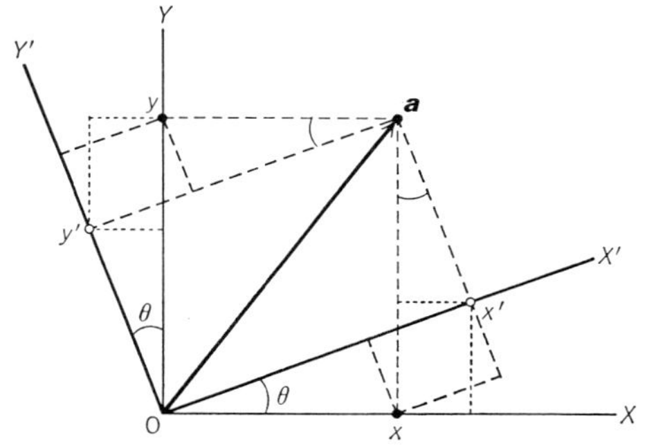

図 1-15

この例題の場合のように，1つの座標系 (x, y) から新しい座標系 (x', y') へ移ることを**座標変換**という．

例題 1.8　例題 1.7 の座標の変換を行なったとき，2つのベクトル $\boldsymbol{x}_1$ と $\boldsymbol{x}_2$ の内積 $\boldsymbol{x}_1\cdot\boldsymbol{x}_2$ の値は変わらないことを示せ．

［解］　変換された座標系での $\boldsymbol{x}_1, \boldsymbol{x}_2$ の成分を (x_1', y_1'), (x_2', y_2') とすると，(1.14)を使って

$$\begin{aligned} x_1'x_2' + y_1'y_2' &= (x_1\cos\theta + y_1\sin\theta)(x_2\cos\theta + y_2\sin\theta) \\ &\quad + (y_1\cos\theta - x_1\sin\theta)(y_2\cos\theta - x_2\sin\theta) \\ &= x_1x_2 + y_1y_2 \end{aligned}$$

この式は内積 $\boldsymbol{x}_1\cdot\boldsymbol{x}_2$ の値が変わらないことを表わす．|

ベクトルの独立性　1つの平面上に平行でない(反平行でもない)2つのベクトル $\boldsymbol{a}_1$ と $\boldsymbol{a}_2$ をとると，$\boldsymbol{a}_2$ は $\boldsymbol{a}_1$ のスカラー倍では表わせない．したがって共に0でない定数 c_1 と c_2 をとれば，つねに

$$c_1\boldsymbol{a}_1 + c_2\boldsymbol{a}_2 \neq 0 \tag{1.15}$$

である．このとき $\boldsymbol{a}_1$ と $\boldsymbol{a}_2$ は**1次独立**であるという．

3 次元空間で 1 つの平面上にない 3 つのベクトルを $\boldsymbol{a}_1, \boldsymbol{a}_2, \boldsymbol{a}_3$ とすると，たとえば $\boldsymbol{a}_3$ を $\boldsymbol{a}_1$ と $\boldsymbol{a}_2$ の定数倍の和として表わすことはできない．したがって c_1, c_2, c_3 をすべてが 0 でない定数とすれば，つねに

$$c_1\boldsymbol{a}_1+c_2\boldsymbol{a}_2+c_3\boldsymbol{a}_3 \neq 0 \tag{1.15'}$$

である．このときも $\boldsymbol{a}_1, \boldsymbol{a}_2, \boldsymbol{a}_3$ は互いに 1 次独立であるという．

一般に，いくつかのベクトル $\boldsymbol{a}_1, \boldsymbol{a}_2, \cdots, \boldsymbol{a}_n$ があるとき，$c_1, c_2, \cdots, c_n$ を実数とする和

$$c_1\boldsymbol{a}_1+c_2\boldsymbol{a}_2+\cdots+c_n\boldsymbol{a}_n \tag{1.16}$$

を，ベクトル $\boldsymbol{a}_1, \boldsymbol{a}_2, \cdots, \boldsymbol{a}_n$ の **1 次結合**という．$\boldsymbol{a}_1, \boldsymbol{a}_2, \cdots, \boldsymbol{a}_n$ の 1 次結合が 0 であって，$c_1, c_2, \cdots, c_n$ の中に少なくとも 1 つ 0 でない数があるとき，ベクトル $\boldsymbol{a}_1, \boldsymbol{a}_2, \cdots, \boldsymbol{a}_n$ は **1 次従属**であるという．たとえば，c_1 が 0 でないとすると

$$c_1\boldsymbol{a}_1+c_2\boldsymbol{a}_2+\cdots+c_n\boldsymbol{a}_n = 0 \tag{1.17}$$

から，$\boldsymbol{a}_1$ は他のベクトルの 1 次結合で表わせる．

$$\boldsymbol{a}_1 = -\frac{c_2}{c_1}\boldsymbol{a}_2-\frac{c_3}{c_1}\boldsymbol{a}_3-\cdots-\frac{c_n}{c_1}\boldsymbol{a}_n$$

(1.17)式が，$c_1=c_2=\cdots=c_n=0$ のときに限って成立するとき，ベクトル $\boldsymbol{a}_1, \boldsymbol{a}_2, \cdots, \boldsymbol{a}_n$ は **1 次独立**であるという．$\boldsymbol{a}$ と直交するベクトルを $\boldsymbol{b}$ と書き，これらが 1 次従属であるかを調べるために，$\boldsymbol{a}$ と $\boldsymbol{b}$ の 1 次結合を 0 と置いてみると

$$c_1\boldsymbol{a}+c_2\boldsymbol{b} = 0$$

この式と $\boldsymbol{a}$ との内積を作ると $c_1\boldsymbol{a}\cdot\boldsymbol{a}=0$．これから $c_1=0$ を得，上式は $c_2\boldsymbol{b}=0$ となるので，結局 $c_1=c_2=0$ となる．ゆえに互いに直交するベクトルは 1 次独立であることがわかる．

一般に，$\boldsymbol{a} /\!/ \boldsymbol{b}$ でない $\boldsymbol{a}$ と $\boldsymbol{b}$ は 1 次独立である．

例題 1.9 次の 2 次元ベクトル $\boldsymbol{a}, \boldsymbol{b}$ は 1 次独立であることを示せ．

$$\boldsymbol{a} = (1, -1), \qquad \boldsymbol{b} = (2, 3)$$

[解] $\boldsymbol{a}$ と $\boldsymbol{b}$ の 1 次結合を作り，これを 0 と置くと

$$\begin{aligned} c_1\boldsymbol{a}+c_2\boldsymbol{b} &= c_1(1, -1)+c_2(2, 3) = (c_1, -c_1)+(2c_2, 3c_2) \\ &= (c_1+2c_2, -c_1+3c_2) = 0 \end{aligned}$$

これから

$$c_1+2c_2 = 0, \qquad -c_1+3c_2 = 0$$

となり，$c_1=c_2=0$ でなければならない．したがって，$\boldsymbol{a}$ と $\boldsymbol{b}$ は1次独立である．❙

基本ベクトル　同一平面上にあって，互いに平行でも反平行でもない2つの単位ベクトル(たとえば x 軸，y 軸に沿う単位ベクトル)を $\boldsymbol{e}_1, \boldsymbol{e}_2$ ($|\boldsymbol{e}_1|=|\boldsymbol{e}_2|=1$) とするとき，この平面上の任意のベクトル $\boldsymbol{x}$ は，$\boldsymbol{e}_1$ と $\boldsymbol{e}_2$ を用いて

$$\boldsymbol{x} = c_1\boldsymbol{e}_1+c_2\boldsymbol{e}_2 \tag{1.18}$$

と表わせる．係数 c_1, c_2 は $\boldsymbol{e}_1, \boldsymbol{e}_2$ 方向の $\boldsymbol{x}$ の成分である．

$|\boldsymbol{e}_1|=|\boldsymbol{e}_2|=1$ に選んだ $\boldsymbol{e}_1$ と $\boldsymbol{e}_2$ の組を平面上の**基本ベクトル**(fundamental vector)，あるいは**基底**(きてい)という．

3次元の空間では，同一平面上にない3個の単位ベクトル $\boldsymbol{e}_1, \boldsymbol{e}_2, \boldsymbol{e}_3$ を用いれば，任意のベクトルは，これらの1次結合

$$\boldsymbol{x} = c_1\boldsymbol{e}_1+c_2\boldsymbol{e}_2+c_3\boldsymbol{e}_3 \tag{1.18$'$}$$

で表わされる．$\boldsymbol{e}_1, \boldsymbol{e}_2, \boldsymbol{e}_3$ は3次元空間の基本ベクトルである．

基本ベクトルが互いに直交するとき，この基本ベクトルを**正規直交系**という．平面の正規直交系として直交する x 軸，y 軸に沿う単位ベクトルをとれば

$$\boldsymbol{e}_1 = (1, 0), \qquad \boldsymbol{e}_2 = (0, 1) \tag{1.19}$$

であり，$\boldsymbol{e}_1\cdot\boldsymbol{e}_2=0$ である．空間の正規直交系として x 軸，y 軸，z 軸に沿う単位ベクトルをとれば(図1-16)

$$\boldsymbol{e}_1 = (1, 0, 0), \qquad \boldsymbol{e}_2 = (0, 1, 0), \qquad \boldsymbol{e}_3 = (0, 0, 1) \tag{1.20}$$

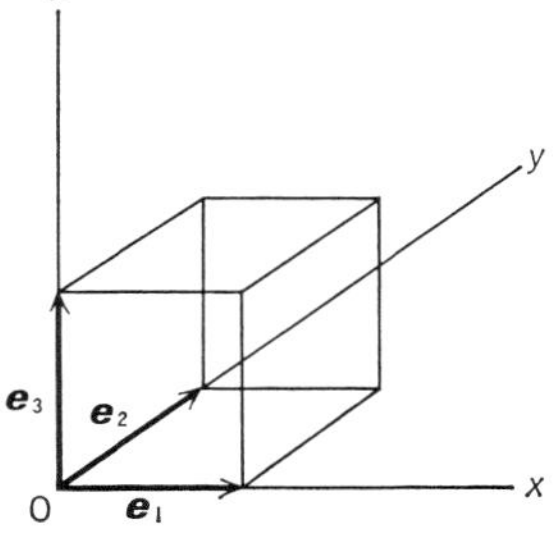

図1-16　正規直交系

であり，$\boldsymbol{e}_1\cdot\boldsymbol{e}_2=\boldsymbol{e}_2\cdot\boldsymbol{e}_3=\boldsymbol{e}_3\cdot\boldsymbol{e}_1=0$ である．正規直交系を使うとベクトルは

$$(x,y)=(x,0)+(0,y)=x\boldsymbol{e}_1+y\boldsymbol{e}_2$$

$$\begin{aligned}(x,y,z)&=(x,0,0)+(0,y,0)+(0,0,z)\\&=x\boldsymbol{e}_1+y\boldsymbol{e}_2+z\boldsymbol{e}_3\end{aligned}$$

のように成分を係数とする1次結合で表わせる．

空間の正規直交系 $\boldsymbol{e}_1,\boldsymbol{e}_2,\boldsymbol{e}_3$ は次の性質をもつ．

$$\boldsymbol{e}_1\times\boldsymbol{e}_2=\boldsymbol{e}_3,\quad \boldsymbol{e}_2\times\boldsymbol{e}_3=\boldsymbol{e}_1,\quad \boldsymbol{e}_3\times\boldsymbol{e}_1=\boldsymbol{e}_2 \tag{1.21}$$

これらの式は(1.3)式から得られる．この式とベクトルの外積の分配則(8ページ)を使って，外積の公式[4](13ページ)を証明しよう．

$$\boldsymbol{a}=a_1\boldsymbol{e}_1+a_2\boldsymbol{e}_2+a_3\boldsymbol{e}_3,\quad \boldsymbol{b}=b_1\boldsymbol{e}_1+b_2\boldsymbol{e}_2+b_3\boldsymbol{e}_3 \tag{1.22}$$

であるから，外積の分配則を使って

$$\begin{aligned}\boldsymbol{a}\times\boldsymbol{b}&=(a_1\boldsymbol{e}_1+a_2\boldsymbol{e}_2+a_3\boldsymbol{e}_3)\times(b_1\boldsymbol{e}_1+b_2\boldsymbol{e}_2+b_3\boldsymbol{e}_3)\\&=a_1b_1\boldsymbol{e}_1\times\boldsymbol{e}_1+a_1b_2\boldsymbol{e}_1\times\boldsymbol{e}_2+a_1b_3\boldsymbol{e}_1\times\boldsymbol{e}_3\\&\quad+a_2b_1\boldsymbol{e}_2\times\boldsymbol{e}_1+a_2b_2\boldsymbol{e}_2\times\boldsymbol{e}_2+a_2b_3\boldsymbol{e}_2\times\boldsymbol{e}_3\\&\quad+a_3b_1\boldsymbol{e}_3\times\boldsymbol{e}_1+a_3b_2\boldsymbol{e}_3\times\boldsymbol{e}_2+a_3b_3\boldsymbol{e}_3\times\boldsymbol{e}_3\end{aligned} \tag{1.23}$$

(1.21)式と，外積の性質 $\boldsymbol{e}_1\times\boldsymbol{e}_1=0$，$\boldsymbol{e}_2\times\boldsymbol{e}_2=0$，$\boldsymbol{e}_3\times\boldsymbol{e}_3=0$，$\boldsymbol{e}_1\times\boldsymbol{e}_2=-\boldsymbol{e}_2\times\boldsymbol{e}_1$，$\boldsymbol{e}_2\times\boldsymbol{e}_3=-\boldsymbol{e}_3\times\boldsymbol{e}_2$，$\boldsymbol{e}_3\times\boldsymbol{e}_1=-\boldsymbol{e}_1\times\boldsymbol{e}_3$ を使うと，(1.23)式は

$$\begin{aligned}\boldsymbol{a}\times\boldsymbol{b}&=(a_2b_3-a_3b_2)\boldsymbol{e}_1+(a_3b_1-a_1b_3)\boldsymbol{e}_2+(a_1b_2-a_2b_1)\boldsymbol{e}_3\\&=(a_2b_3-a_3b_2,\ a_3b_1-a_1b_3,\ a_1b_2-a_2b_1)\end{aligned} \tag{1.24}$$

となる．これで公式[4]が証明された．

問題1-2

1. 空間でOを原点とする．点Aを (a_1,a_2,a_3)，点Bを (b_1,b_2,b_3) とするとき，線分OAと線分OBのなす角 θ を求めよ．

2. $\boldsymbol{a}\times(\boldsymbol{b}\times\boldsymbol{c})=\boldsymbol{b}(\boldsymbol{c}\cdot\boldsymbol{a})-\boldsymbol{c}(\boldsymbol{a}\cdot\boldsymbol{b})$ を示せ．

3. $\boldsymbol{a}\times(\boldsymbol{b}\times\boldsymbol{c})+\boldsymbol{b}\times(\boldsymbol{c}\times\boldsymbol{a})+\boldsymbol{c}\times(\boldsymbol{a}\times\boldsymbol{b})=0$ を証明せよ．外積の結合則 $\boldsymbol{a}\times(\boldsymbol{b}\times\boldsymbol{c})=(\boldsymbol{a}\times\boldsymbol{b})\times\boldsymbol{c}$ が成立するのはどんな場合か．

1–3　n 次元ベクトル

n 次元ベクトル　前節で考えたように，ベクトルを数値の組として表わすと，私たちの身近に数値の組がたくさんあることに気づく．人の体格を身長，体重，胸囲，座高で表わすと，体格は 4 個の数で表わされる．空間での物体の運動は，3 つの位置座標 (x, y, z) と 3 つの速度成分 (v_x, v_y, v_z)，計 6 個の数値で表わされる．これらの数値の組を成分ごとに加えたり減じたりできるときは，この組をベクトルと考えてよい．

2 次元の平面，3 次元の空間という考え方を拡張して，n 個の数値の組で表わされる **n 次元空間**という空間を考えることができる．上で述べた体格は，身長(x_1)，体重(x_2)，胸囲(x_3)，座高(x_4)という座標軸をもった 4 次元空間の点 (x_1, x_2, x_3, x_4) で表わされる．これと同様に，n 次元空間の点は，n 個の数値の組 $(x_1, x_2, \cdots, x_n)$ で表わされる．

一般に，数の組

$$\boldsymbol{a} = (a_1, a_2, \cdots, a_n) \tag{1.25}$$

が以下で述べる性質 [1] と [2] をみたすとき，$\boldsymbol{a}$ を **n 次元ベクトル**，各 a_i $(i=1, 2, \cdots, n)$ を $\boldsymbol{a}$ の**成分**とよぶ．このベクトルは

$$\boldsymbol{a} = \begin{pmatrix} a_1 \\ a_2 \\ \vdots \\ a_n \end{pmatrix} \tag{1.26}$$

のように縦に書いてもよい．

n 次元ベクトル $\boldsymbol{a}$ の大きさ $|\boldsymbol{a}|$ を

$$|\boldsymbol{a}| = ({a_1}^2 + {a_2}^2 + \cdots + {a_n}^2)^{1/2} \tag{1.27}$$

で定義する．(1.27) は 2 次元，3 次元の場合を n 次元に拡張したものであり，ベクトルの大きさまたは長さとして自然な定義である．

$\boldsymbol{a}=0$ はすべての成分が 0，すなわち $a_1=a_2=\cdots=a_n=0$ と同等である．

スカラー倍，和，差，内積を次のように定義する．和，差，内積は同じ次元

のベクトルの間でだけ定義されることに注意しよう．(次元が 4 以上のベクトルの外積はこの本の程度をこえるので扱わない．)

[1] スカラー倍

$$r\boldsymbol{a} = r(a_1, a_2, \cdots, a_n) = (ra_1, ra_2, \cdots, ra_n) \tag{1.28}$$

[2] 和と差

$$\begin{aligned}\boldsymbol{a}+\boldsymbol{b} &= (a_1, a_2, \cdots, a_n)+(b_1, b_2, \cdots, b_n)\\ &= (a_1+b_1, a_2+b_2, \cdots, a_n+b_n)\end{aligned} \tag{1.29}$$

$$\begin{aligned}\boldsymbol{a}-\boldsymbol{b} &= (a_1, a_2, \cdots, a_n)-(b_1, b_2, \cdots, b_n)\\ &= (a_1-b_1, a_2-b_2, \cdots, a_n-b_n)\end{aligned} \tag{1.30}$$

[3] 内積

$$\begin{aligned}\boldsymbol{a}\cdot\boldsymbol{b} &= (a_1, a_2, \cdots, a_n)\cdot(b_1, b_2, \cdots, b_n)\\ &= a_1b_1+a_2b_2+\cdots+a_nb_n\end{aligned} \tag{1.31}$$

これらの演算に対して，3〜6 ページに述べた公式 [1]〜[8] が成立する．

2 つのベクトルのなす角 n 次元の，0 でない 2 つのベクトル $\boldsymbol{a}$ と $\boldsymbol{b}$ のなす角 θ を，(1.1) に倣って

$$\cos\theta = \frac{\boldsymbol{a}\cdot\boldsymbol{b}}{|\boldsymbol{a}||\boldsymbol{b}|} \tag{1.32}$$

で定義する．$\boldsymbol{a}, \boldsymbol{b}$ が 2 次元または 3 次元のベクトルのとき，(1.32) で決まる θ は有向線分 $\boldsymbol{a}, \boldsymbol{b}$ のなす角に等しい．$\boldsymbol{a}, \boldsymbol{b}$ が 4 次元以上のとき (1.32) を使って角度が定義できるためには，(1.32) の右辺の絶対値が 1 以下でなければならないが，このことはシュワルツの不等式

$$|\boldsymbol{a}\cdot\boldsymbol{b}| \leqq |\boldsymbol{a}||\boldsymbol{b}| \tag{1.33}$$

によって保証される．この (1.33) 式は，(1.2) の証明の別法と同じように証明される．

例題 1.10 $\boldsymbol{a}=(1, 0, 2, 1)$ と $\boldsymbol{b}=(3, 0, 0, 1)$ のなす角 θ の余弦を計算せよ．

[解] $\boldsymbol{a}\cdot\boldsymbol{b}=1\cdot3+0\cdot0+2\cdot0+1\cdot1=4$, $|\boldsymbol{a}|=(1^2+0^2+2^2+1^2)^{1/2}=\sqrt{6}$, $|\boldsymbol{b}|=(3^2+0^2+0^2+1^2)^{1/2}=\sqrt{10}$ であるから

$$\cos\theta = \frac{4}{\sqrt{6}\sqrt{10}} = \frac{2}{\sqrt{15}} \qquad \blacksquare$$

基本ベクトル　n 次元の空間で n 個の 1 次独立な単位ベクトルの組を**基本ベクトル**という．とくに，どの 2 つの単位ベクトルも直交するときは，この基本ベクトルを正規直交系とよぶ．n 次元の正規直交系として

$$\boldsymbol{e}_1 = (1, 0, 0, \cdots, 0), \quad \boldsymbol{e}_2 = (0, 1, 0, \cdots, 0), \quad \cdots, \quad \boldsymbol{e}_n = (0, 0, 0, \cdots, 1) \tag{1.34}$$

を選べる．実際，$\boldsymbol{e}_1, \boldsymbol{e}_2, \cdots, \boldsymbol{e}_n$ のうちの 1 つを $\boldsymbol{e}_i$ $(1 \leqq i \leqq n)$ とすると，

$$\boldsymbol{e}_i \cdot \boldsymbol{e}_j = 0 \qquad (i \neq j)$$

が成立することは，内積の定義(1.31)からわかる．

さらに，$\boldsymbol{e}_i$ と $\boldsymbol{e}_j$ の作る角を θ_{ij} と書くと，(1.32)式から，$i \neq j$ のとき

$$\cos\theta_{ij} = \frac{\boldsymbol{e}_i \cdot \boldsymbol{e}_j}{|\boldsymbol{e}_i||\boldsymbol{e}_j|} = 0 \tag{1.35}$$

となるから，$\theta_{ij} = \pi/2$ $(i \neq j)$ となる．次元が 4 以上であっても(1.32)で角度を定義すると，$\boldsymbol{e}_1, \boldsymbol{e}_2, \cdots, \boldsymbol{e}_n$ はそれぞれ直角に交わっているのである．

(1.34)式の $\boldsymbol{e}_1, \boldsymbol{e}_2, \cdots, \boldsymbol{e}_n$ は単位長さで，互いに直交するので，n 次元空間における正規直交系をなす．これらを使うと，任意のベクトル $(x_1, x_2, \cdots, x_n)$ は，成分を係数とする 1 次結合

$$(x_1, x_2, \cdots, x_n) = x_1\boldsymbol{e}_1 + x_2\boldsymbol{e}_2 + \cdots + x_n\boldsymbol{e}_n \tag{1.36}$$

で表わされる．

例題 1.11　$\boldsymbol{f}_1 = (1/\sqrt{2}, 0, 1/\sqrt{2}, 0)$ を含み，互いに直交するような 4 次元の基本ベクトル $\boldsymbol{f}_1, \boldsymbol{f}_2, \boldsymbol{f}_3, \boldsymbol{f}_4$ を 1 組作れ．

[解]　$\boldsymbol{f}_1$ と直交する単位ベクトルを一般に $\boldsymbol{g}_1 = (x_1, x_2, x_3, x_4)$ としよう．$\boldsymbol{f}_2, \boldsymbol{f}_3, \boldsymbol{f}_4$ は $\boldsymbol{g}_1$ に含まれる．

$$\boldsymbol{f}_1 \cdot \boldsymbol{g}_1 = \frac{1}{\sqrt{2}}x_1 + \frac{1}{\sqrt{2}}x_3 = 0$$

により $x_3 = -x_1$．したがって

$$\boldsymbol{g}_1 = (x_1, x_2, -x_1, x_4) \tag{1.37}$$

ここで，$\boldsymbol{g}_1$ は単位ベクトルとしているので，x_1, x_2, x_4 は $|\boldsymbol{g}_1|=1$ を満たすどんな実数でもよい．たとえば，$x_1=1/\sqrt{2}$，$x_2=0$，$x_4=0$と置いたものを $\boldsymbol{f}_2$ とする．

$$\boldsymbol{f}_2 = \left(\frac{1}{\sqrt{2}}, 0, -\frac{1}{\sqrt{2}}, 0\right)$$

(1.37)には $\boldsymbol{f}_3, \boldsymbol{f}_4$ も含まれている．$\boldsymbol{f}_3, \boldsymbol{f}_4$ は $\boldsymbol{f}_2$ とも直交するから，(1.37)の形をしたベクトルで，$\boldsymbol{f}_2$ と直交するものを

$$\boldsymbol{g}_2 = (y_1, y_2, -y_1, y_4)$$

とすれば

$$\boldsymbol{f}_2 \cdot \boldsymbol{g}_2 = \frac{1}{\sqrt{2}} y_1 + \frac{1}{\sqrt{2}} y_1 = 0$$

したがって，$y_1=0$ であり，

$$\boldsymbol{g}_2 = (0, y_2, 0, y_4) \tag{1.38}$$

ここで，y_2 と y_4 は $|\boldsymbol{g}_2|=1$ を満たす任意の実数である．

(1.38)は $\boldsymbol{f}_3$ と $\boldsymbol{f}_4$ を含む．たとえば $y_2=1$，$y_4=0$ と置いたものを $\boldsymbol{f}_3$ としよう．

$$\boldsymbol{f}_3 = (0, 1, 0, 0)$$

$\boldsymbol{f}_4$ は(1.38)の形をしたベクトルで，$\boldsymbol{f}_3$ と直交し，$|\boldsymbol{f}_4|=1$ を満たすベクトルである．$\boldsymbol{f}_4=(0, z_2, 0, z_4)$ とすれば

$$\boldsymbol{f}_3 \cdot \boldsymbol{f}_4 = z_2 = 0$$

したがって，$|\boldsymbol{f}_4|=1$ を考慮して

$$\boldsymbol{f}_4 = (0, 0, 0, 1)$$

が得られる．上の解法でわかるように，$\boldsymbol{f}_1$ を含む基本ベクトルは，$\boldsymbol{f}_2, \boldsymbol{f}_3$ の選び方を変えると，異なった組となる．▎

問　題 1-3

1. n 次元ベクトル $\boldsymbol{a}, \boldsymbol{b}$ について，次の式を証明せよ．

(1)　$|\boldsymbol{a}+\boldsymbol{b}|^2+|\boldsymbol{a}-\boldsymbol{b}|^2 = 2(|\boldsymbol{a}|^2+|\boldsymbol{b}|^2)$

(2)　$|\boldsymbol{a}+\boldsymbol{b}|^2-|\boldsymbol{a}-\boldsymbol{b}|^2 = 4\boldsymbol{a}\cdot\boldsymbol{b}$

2. 2 つのベクトル (1, 1, 0, 0), (0, 1, 0, 1) に直交するベクトルをすべて求めよ.

3. 3 つのベクトル (1, 1, 0, 0), (0, 1, 0, 1), (2, 0, 1, 0) に直交するベクトルをすべて求めよ.

第 1 章演習問題

[1] 空間のベクトル $\boldsymbol{a}, \boldsymbol{b}, \boldsymbol{c}$ について, $\boldsymbol{a}+\boldsymbol{b}+\boldsymbol{c}=0$ のとき $\boldsymbol{a}\times\boldsymbol{b}=\boldsymbol{b}\times\boldsymbol{c}=\boldsymbol{c}\times\boldsymbol{a}$ が成り立つことを示せ.

[2] $\boldsymbol{e}_1, \boldsymbol{e}_2, \boldsymbol{e}_3$ を 3 次元の正規直交系(1.20)とする.

$$\boldsymbol{x} = \boldsymbol{e}_1+2\boldsymbol{e}_2+\boldsymbol{e}_3, \qquad \boldsymbol{y} = \boldsymbol{e}_1+\boldsymbol{e}_2-\boldsymbol{e}_3$$

に対し次の値を求めよ.

(1) $|\boldsymbol{x}|$ (2) $\boldsymbol{x}\cdot\boldsymbol{y}$ (3) $|\boldsymbol{x}\times\boldsymbol{y}|$

[3] 平面上の 3 点 A(1, 0), B(3, 2), C(5, 3) の作る角 $\angle\mathrm{ABC}=\theta$ の余弦(cos)を求めよ. また, 3 角形 ABC の面積 S を計算せよ.

[4] 空間の 3 点 A(3, 0, 1), B(2, 1, 5), C(−1, 1, 1) の作る角 $\angle\mathrm{ABC}=\theta$ の余弦を求めよ. また, 3 角形 ABC の面積 S を計算せよ.

[5] ベクトル $\boldsymbol{a}(3, 0, 1)$, $\boldsymbol{b}(2, 1, 5)$, $\boldsymbol{c}(-1, 1, 1)$ を 3 辺とする 6 面体の体積 V を求めよ.

[6] 空間ベクトル $\boldsymbol{a}(a_1, a_2, a_3)$ と直交するベクトルを作れ. また, 平行でない 2 つのベクトル $\boldsymbol{a}(a_1, a_2, a_3)$ と $\boldsymbol{b}(b_1, b_2, b_3)$ に直交するベクトルを作れ.

[7] 空間のベクトル $\boldsymbol{a}, \boldsymbol{b}, \boldsymbol{c}, \boldsymbol{d}$ につき, 次の式を証明せよ.

(1) $|\boldsymbol{a}\times\boldsymbol{b}| = \sqrt{|\boldsymbol{a}|^2|\boldsymbol{b}|^2-(\boldsymbol{a}\cdot\boldsymbol{b})^2}$

(2) $(\boldsymbol{a}\times\boldsymbol{b})\cdot(\boldsymbol{c}\times\boldsymbol{d}) = (\boldsymbol{a}\cdot\boldsymbol{c})(\boldsymbol{b}\cdot\boldsymbol{d})-(\boldsymbol{a}\cdot\boldsymbol{d})(\boldsymbol{b}\cdot\boldsymbol{c})$

(3) $(\boldsymbol{a}\times\boldsymbol{b})\times(\boldsymbol{c}\times\boldsymbol{d}) = [\boldsymbol{a}\cdot(\boldsymbol{b}\times\boldsymbol{d})]\boldsymbol{c}-[\boldsymbol{a}\cdot(\boldsymbol{b}\times\boldsymbol{c})]\boldsymbol{d}$

[8] $\boldsymbol{a}=(1, 2, -1)$, $\boldsymbol{b}=(0, 1, 2)$, $\boldsymbol{c}=(2, 1, 1)$ は 1 次独立であることを示せ.

[9] ベクトル $\boldsymbol{a}, \boldsymbol{b}, \boldsymbol{c}$ が一直線上にないとき, これらの終点を通る平面の方程式は

$$\boldsymbol{x} = r\boldsymbol{a}+s\boldsymbol{b}+(1-r-s)\boldsymbol{c}$$

と表わせることを示せ. ただし r, s はパラメタである.

Coffee Break

ツルカメ算と代数

むかしの学校で，ツルカメ算というのを教えた．

先生　ツルとカメが合わせて8匹いて，足は全部で22本あるとします．ツルが何匹，カメが何匹いるでしょうか．

生徒　？

先生　8匹がみんなツルだとしましょう．そうすると足は$8\times2=16$で，16本ですね．22本あるというのですから$22-16=6$で6本あまります．この6本を2本ずつに分けて3匹につけてカメにします．これでいいわけですね．ツルは何匹，カメは何匹でしょうか．

生徒　ツルは5匹，カメは3匹．だけど，答は1通りかしら？

先生　よくできました．解が1通りかは大学生にききましょう．

大学生　代数でやればわけはない．わかっていないツルがx匹いるとして，カメをy匹とします．

生徒　わかっていないのにわかっている顔するのが大学生？

大学生　そうなんだよ．とにかく，全部で8匹，足は22本というのを方程式で書くと

$$x+y=8$$
$$2x+4y=22$$

となります．これを連立1次方程式というんだ．第1式を2倍して第2式から引くと$2y=6$．したがってカメは$y=3$匹，ツルは$8-3=5$匹と答が出ます．

生徒　代数の方がやさしいね．答が1通りしかないことも式で書けばよくわかるね．

2

行列

ベクトルはいくつかの数を1列に並べたもので表わされるが，正方形あるいは長方形に並べたものは行列と呼ばれる．たとえば，生徒全員の身長，体重などの数字を長方形に配列した数表は行列である．行列は，ベクトルと同じような演算規則をもつが，ベクトルにはない新しい演算も可能であり，応用範囲もずっと広げられる．この章では，行列の基礎的な性質と連立1次方程式への応用を学ぶ．

2-1 行列とは

行列の定義　数を配列したものや数表などは日常生活にも数多く見られる．たとえば，表 2-1 は 4 人の学生 a, b, c, d の試験の成績である．(a)は第 1 回の成績，(b)は第 2 回の成績である．これらの表は，それぞれ 4 行 3 列で $4\times3=12$ 個の数の配列である．

表 2-1　4 人の学生 a, b, c, d が 3 つの学科目 X, Y, Z の試験を 2 回受けたときの成績

(a)　第 1 回

学生＼科目	X	Y	Z
a	36	65	35
b	60	57	40
c	55	75	40
d	72	65	52

(b)　第 2 回

学生＼科目	X	Y	Z
a	73	68	78
b	55	66	95
c	85	58	83
d	50	62	80

一般化して考えよう．m, n を正の整数とする．mn 個の数 a_{ij} $(i=1,2,\cdots,m,\ j=1,2,\cdots,n)$ を縦に m 個，横に n 個並べ，括弧でまとめた

$$A=\begin{pmatrix} a_{11} & a_{12} & \cdots & a_{1n} \\ a_{21} & a_{22} & \cdots & a_{2n} \\ \cdots & \cdots & \cdots & \cdots \\ a_{m1} & a_{m2} & \cdots & a_{mn} \end{pmatrix} \tag{2.1}$$

を m 行 n 列の**行列**(matrix)，または $\boldsymbol{m}\times\boldsymbol{n}$ **型行列**，または $\boldsymbol{m}\times\boldsymbol{n}$ **行列**という．表 2-1 の(a)と(b)は，それぞれ 4×3 型行列である．(2.1)式で a_{ij} $(i=1,2,\cdots,m,\ j=1,2,\cdots,n)$ は第 i 行，第 j 列にある．a_{ij} を，行列(2.1)の $(\boldsymbol{i},\boldsymbol{j})$ **成分**あるいは $(\boldsymbol{i},\boldsymbol{j})$ **要素**という．

とくに，$1\times n$ 型行列

$$(a_{11}, a_{12}, \cdots, a_{1n})$$

は n 次元行ベクトルであり，$n\times1$ 型行列

$$\begin{pmatrix} a_{11} \\ a_{21} \\ \vdots \\ a_{n1} \end{pmatrix}$$

は n 次元列ベクトルである.

行列を表わすのに A, B, C などの文字を使おう. ただし, ベクトルも行列であるが, 理解をたすけるため, ベクトルはとくに小文字の太文字で記すことが多い. 成分を示すときは(2.1)のように書く. ときには

$$\{a_{ij} \mid i=1,2,\cdots,m;\, j=1,2,\cdots,n\}$$

または単に

$$(a_{ij})$$

という記号が使われることもある.

A を m 行 n 列の行列とするとき, 数の組 $\{m, n\}$ を行列 A の**型**という. 行列 A と行列 B が同じ型をもち, A の (i, j) 成分 a_{ij} がそれぞれ B の (i, j) 成分 b_{ij} に等しいとき, A と B は等しいといい, $A=B$ と書く.

$$A = B \quad \leftrightarrow \quad A \text{ と } B \text{ は同じ型で } a_{ij} = b_{ij}$$

すべての成分が 0 である行列を**ゼロ行列**といい, 記号 O または単に 0 で表わす.

行数 m と列数 n が等しい行列を**正方行列**という. とくに, $m \times m$ 型行列を **m 次正方行列**, m を行列の**次数**という. 正方行列の一般的な性質は 4-2 節で調べる.

m 次正方行列で, 成分が $a_{ii}=1\ (i=1,2,\cdots,m)$, $a_{ij}=0\ (i \neq j)$ である行列を**単位行列**といい, E_m または単に E で表わす.

$$E_m = \begin{pmatrix} 1 & 0 & \cdots & 0 \\ 0 & 1 & & 0 \\ \vdots & & \ddots & \vdots \\ 0 & 0 & \cdots & 1 \end{pmatrix} \tag{2.2}$$

行列の演算

ベクトルの演算の拡張として, 行列についてのスカラー倍, 和, 差, 行列と

ベクトルの積(次節)，および行列と行列の積(2-3節)を定義しよう．演算の具体的な意味づけについては，後の例題2.2や次節などを参照してほしい．

スカラー倍 行列Aの成分をa_{ij}とする．rを実数とするとき，Aのスカラー倍または実数r倍を，(i,j)成分がra_{ij}である行列と定義し，記号rAで表わす．

$$rA = r\begin{pmatrix} a_{11} & a_{12} & \cdots & a_{1n} \\ a_{21} & a_{22} & \cdots & a_{2n} \\ \cdots & \cdots & \cdots & \cdots \\ a_{m1} & a_{m2} & \cdots & a_{mn} \end{pmatrix} = \begin{pmatrix} ra_{11} & ra_{12} & \cdots & ra_{1n} \\ ra_{21} & ra_{22} & \cdots & ra_{2n} \\ \cdots & \cdots & \cdots & \cdots \\ ra_{m1} & ra_{m2} & \cdots & ra_{mn} \end{pmatrix} \quad (2.3)$$

とくに$0A=O$である．

和と差 AとBは$m\times n$型行列であるとする．AとBの和を，(i,j)成分が$a_{ij}+b_{ij}$である$m\times n$型行列で定義し，$A+B$で表わす．

$$\begin{aligned} A+B &= \begin{pmatrix} a_{11} & a_{12} & \cdots & a_{1n} \\ a_{21} & a_{22} & \cdots & a_{2n} \\ \cdots & \cdots & \cdots & \cdots \\ a_{m1} & a_{m2} & \cdots & a_{mn} \end{pmatrix} + \begin{pmatrix} b_{11} & b_{12} & \cdots & b_{1n} \\ b_{21} & b_{22} & \cdots & b_{2n} \\ \cdots & \cdots & \cdots & \cdots \\ b_{m1} & b_{m2} & \cdots & b_{mn} \end{pmatrix} \\ &= \begin{pmatrix} a_{11}+b_{11} & a_{12}+b_{12} & \cdots & a_{1n}+b_{1n} \\ a_{21}+b_{21} & a_{22}+b_{22} & \cdots & a_{2n}+b_{2n} \\ \cdots & \cdots & \cdots & \cdots \\ a_{m1}+b_{m1} & a_{m2}+b_{m2} & \cdots & a_{mn}+b_{mn} \end{pmatrix} \end{aligned} \quad (2.4)$$

また，AとBの差を，(i,j)成分が$a_{ij}-b_{ij}$である$m\times n$型行列で定義し，$A-B$で表わす．

$$\begin{aligned} A-B &= \begin{pmatrix} a_{11} & a_{12} & \cdots & a_{1n} \\ a_{21} & a_{22} & \cdots & a_{2n} \\ \cdots & \cdots & \cdots & \cdots \\ a_{m1} & a_{m2} & \cdots & a_{mn} \end{pmatrix} - \begin{pmatrix} b_{11} & b_{12} & \cdots & b_{1n} \\ b_{21} & b_{22} & \cdots & b_{2n} \\ \cdots & \cdots & \cdots & \cdots \\ b_{m1} & b_{m2} & \cdots & b_{mn} \end{pmatrix} \\ &= \begin{pmatrix} a_{11}-b_{11} & a_{12}-b_{12} & \cdots & a_{1n}-b_{1n} \\ a_{21}-b_{21} & a_{22}-b_{22} & \cdots & a_{2n}-b_{2n} \\ \cdots & \cdots & \cdots & \cdots \\ a_{m1}-b_{m1} & a_{m2}-b_{m2} & \cdots & a_{mn}-b_{mn} \end{pmatrix} \end{aligned} \quad (2.5)$$

和と差は同じ型の行列の間でだけ定義されていることに注意しよう．

例題 2.1 次の計算をせよ.

(1) $\begin{pmatrix}1 & 0\\ 2 & -1\end{pmatrix}+2\begin{pmatrix}0 & 1\\ -1 & 0\end{pmatrix}$　　(2) $3\begin{pmatrix}1 & 6\\ 3 & 5\\ 2 & 0\end{pmatrix}-4\begin{pmatrix}0 & 5\\ 2 & 3\\ 1 & 1\end{pmatrix}$

[解]

(1) $$\begin{pmatrix}1 & 0\\ 2 & -1\end{pmatrix}+2\begin{pmatrix}0 & 1\\ -1 & 0\end{pmatrix}=\begin{pmatrix}1 & 0\\ 2 & -1\end{pmatrix}+\begin{pmatrix}0 & 2\\ -2 & 0\end{pmatrix}$$
$$=\begin{pmatrix}1+0 & 0+2\\ 2-2 & -1+0\end{pmatrix}=\begin{pmatrix}1 & 2\\ 0 & -1\end{pmatrix}$$

(2) $$3\begin{pmatrix}1 & 6\\ 3 & 5\\ 2 & 0\end{pmatrix}-4\begin{pmatrix}0 & 5\\ 2 & 3\\ 1 & 1\end{pmatrix}=\begin{pmatrix}3 & 18\\ 9 & 15\\ 6 & 0\end{pmatrix}-\begin{pmatrix}0 & 20\\ 8 & 12\\ 4 & 4\end{pmatrix}$$
$$=\begin{pmatrix}3-0 & 18-20\\ 9-8 & 15-12\\ 6-4 & 0-4\end{pmatrix}=\begin{pmatrix}3 & -2\\ 1 & 3\\ 2 & -4\end{pmatrix}$$ ∎

例題 2.2 表 2-1 は 4 人の学生 a, b, c, d の 3 科目 X, Y, Z の試験の成績で，試験は 2 回行なわれた．各学生の各科目ごとの平均点を求めよ．

[解] 第 1 回と第 2 回の試験の得点をそれぞれ 4×3 型行列 A, B とすると，各学生の各科目ごとの平均点は行列

$$\frac{1}{2}(A+B)$$

の成分で表わせる．

$$\frac{1}{2}(A+B)=\frac{1}{2}\left[\begin{pmatrix}36 & 65 & 35\\ 60 & 57 & 40\\ 55 & 75 & 40\\ 72 & 65 & 52\end{pmatrix}+\begin{pmatrix}73 & 68 & 78\\ 55 & 66 & 95\\ 85 & 58 & 83\\ 50 & 62 & 80\end{pmatrix}\right]$$
$$=\frac{1}{2}\begin{pmatrix}109 & 133 & 113\\ 115 & 123 & 135\\ 140 & 133 & 123\\ 122 & 127 & 132\end{pmatrix}=\begin{pmatrix}54.5 & 66.5 & 56.5\\ 57.5 & 61.5 & 67.5\\ 70 & 66.5 & 61.5\\ 61 & 63.5 & 66\end{pmatrix}$$

となるから，たとえば学生 a の科目 X の平均点は 54.5 点である． ∎

問　題 2-1

1.

$$A=\begin{pmatrix}3 & -2\\ -1 & 0\end{pmatrix},\qquad B=\begin{pmatrix}1 & 3\\ 4 & 2\end{pmatrix}$$

のとき $A+B$, $A-B$ を求めよ．

2.

$$2\begin{pmatrix}1 & 4 & 3 & 2\\ 4 & 0 & 1 & 5\end{pmatrix}-3\begin{pmatrix}1 & 2 & 2 & 1\\ 2 & 1 & 1 & 3\end{pmatrix}$$

を計算せよ．

2-2　1 次変換

バネの力 f がバネの伸び x に比例するというフックの法則は，$f=kx$ (k はバネ定数）で表わされる．この例のように，ある量 y が他の量 x の 1 次式

$$y = kx \qquad (k=\text{定数})$$

で表わされるとき，y は x と**線形関係**にあるという．また，値段が $a_1, a_2, \cdots, a_n$ のものをそれぞれ x_1 個，x_2 個，…，x_n 個買うときの合計の金額 y は

$$y = a_1x_1+a_2x_2+\cdots+a_nx_n \tag{2.6}$$

で与えられ，$x_1, x_2, \cdots, x_n$ と線形関係にある．さらに，

$$\begin{cases} y_1 = a_{11}x_1+a_{12}x_2+\cdots+a_{1n}x_n \\ y_2 = a_{21}x_1+a_{22}x_2+\cdots+a_{2n}x_n \\ \quad\cdots\cdots\cdots\cdots\cdots \\ y_m = a_{m1}x_1+a_{m2}x_2+\cdots+a_{mn}x_n \end{cases} \tag{2.7}$$

($a_{11}, a_{12}, \cdots, a_{mn}$ は定数）が成り立つとき，$y_1, y_2, \cdots, y_m$ は $x_1, x_2, \cdots, x_n$ と線形関係にある．また，これは $x_1, x_2, \cdots, x_n$ から $y_1, y_2, \cdots, y_m$ への **1 次変換**，あるいは**線形変換**という．$(x_1, x_2, \cdots, x_n)$ の空間から $(y_1, y_2, \cdots, y_m)$ の空間への**線形写像**ともよばれる．

ここで，たとえば y_1 は，$a_{11}, a_{12}, \cdots, a_{1n}$ を成分とする行ベクトルと，$x_1, x_2, \cdots, x_n$ を成分とする列ベクトルの内積として

Coffee Break

魔 方 陣

(4, 9, 2), (3, 5, 7), (8, 1, 6) はどれも和が 15 である．これを図(a)のように正方形に並べると，両対角線(4, 5, 6) と (2, 5, 8) もそれぞれ和が 15 になっている．しかもこれに使われている数字は 1 から 9 までの数字である．

2	9	4
7	5	3
6	1	8

(a)

このように，$(1, 2, \cdots, n^2)$ の自然数を $n \times n$ の升(ます)目に入れて，縦，横，両対角線の数字の和がすべて等しくなるようにしたものを方陣，または魔方陣(magic square)という．$n=3$ の場合が上に述べたもので，3 方陣といい，$n=4$ は 4 方陣，$n=5$ は 5 方陣という (2 方陣はできない)．

16	3	10	5
1	12	7	14
8	13	2	11
9	6	15	4

(b)

次の図(b), (16, 3, 10, 5), … は 4 方陣の例で，$4^2=16$ までの自然数 $(1, 2, \cdots, 16)$ が使われていて，どの行，どの列の和も，対角線 (16, 12, 2, 4) と (5, 7, 13, 9) の和もすべて 34 である．

1	8	10	15
14	11	5	4
7	2	16	9
12	13	3	6

(c)

その次の図(c), (1, 8, 10, 15), … も 4 方陣である (n 方陣は 1 つに限らないことがわかる)．しかもこの方陣では対角線に限らず，例えば (8, 5, 9, 12) あるいは (10, 4, 7, 13) をそれぞれ加えたものも行，列のそれぞれの数字の和と同じく 34 になっている．このように，どの斜めの和も行，列と同じ和になるものを完全方陣という．

とにかく魔方陣とは不思議なものである．これは中国の夏(か)の時代にはすでに知られていて，東洋でも西洋でも，神秘的なものとして占いや御守りなどにも使われた．一般に $n \times n$ $(n \geqq 3)$ の魔法陣を幾通りも作ることができる．

ちなみに，3×3 の魔法陣は次のように読めばおぼえやすい．

294(にくし) と思う 753(しちごさん)，618 は 15 なりけり

$$y_1 = (a_{11}, a_{12}, \cdots, a_{1n})\begin{pmatrix} x_1 \\ x_2 \\ \vdots \\ x_n \end{pmatrix}$$

と表わすことができる．同様に

$$y_2 = (a_{21}, a_{22}, \cdots, a_{2n})\begin{pmatrix} x_1 \\ x_2 \\ \vdots \\ x_n \end{pmatrix}$$

$$\cdots\cdots\cdots\cdots\cdots\cdots$$

$$y_m = (a_{m1}, a_{m2}, \cdots, a_{mn})\begin{pmatrix} x_1 \\ x_2 \\ \vdots \\ x_n \end{pmatrix}$$

である．これらをまとめて

$$\begin{pmatrix} y_1 \\ y_2 \\ \vdots \\ y_m \end{pmatrix} = \begin{pmatrix} a_{11} & a_{12} & \cdots & a_{1n} \\ a_{21} & a_{22} & \cdots & a_{2n} \\ \multicolumn{4}{c}{\cdots\cdots\cdots\cdots\cdots\cdots} \\ a_{m1} & a_{m2} & \cdots & a_{mn} \end{pmatrix}\begin{pmatrix} x_1 \\ x_2 \\ \vdots \\ x_n \end{pmatrix} \tag{2.8}$$

と表わそう．ここで右辺は行列とベクトルの積を表わし

$$A = \begin{pmatrix} a_{11} & a_{12} & \cdots & a_{1n} \\ a_{21} & a_{22} & \cdots & a_{2n} \\ \multicolumn{4}{c}{\cdots\cdots\cdots\cdots\cdots\cdots} \\ a_{m1} & a_{m2} & \cdots & a_{mn} \end{pmatrix} \tag{2.9}$$

は**線形変換行列**とよばれる．ここで

$$\boldsymbol{y} = \begin{pmatrix} y_1 \\ y_2 \\ \vdots \\ y_m \end{pmatrix}, \qquad \boldsymbol{x} = \begin{pmatrix} x_1 \\ x_2 \\ \vdots \\ x_n \end{pmatrix} \tag{2.10}$$

とすれば，(2.8)式は

$$\boldsymbol{y} = A\boldsymbol{x} \tag{2.11}$$

となる．このように，行列 A とベクトル $\boldsymbol{x}$ の積(2.8)は，(2.7)式で与えられるベクトル $\boldsymbol{y}$ を意味する．

$\boldsymbol{x}$ の1次変換を $f(\boldsymbol{x})=\boldsymbol{y}$ と書くと，λ を定数として

$$
\begin{aligned}
f(\lambda\boldsymbol{x}) &= \lambda f(\boldsymbol{x}) \\
f(\boldsymbol{x}_1+\boldsymbol{x}_2) &= f(\boldsymbol{x}_1)+f(\boldsymbol{x}_2)
\end{aligned}
\tag{2.12}
$$

が成り立つ．これらの関係を満たす f を1次変換というわけである．

次にもうすこし具体的な線形関係を考える．

A果物店とB果物店におけるリンゴ(a)，バナナ(b)，ナシ(p)の値段をある単位で表わしたところ，表2-2のようになったとしよう．買物をするとき支払う金額を計算する．

表 2-2

	リンゴ a	バナナ b	ナシ p
A店	2	3	1
B店	1	2	2

太郎がa, b, pをそれぞれ2個，2個，3個買うときの金額は，値段の行ベクトルと個数の縦ベクトルの内積の形で

A店ならば　$\overset{\mathrm{a}}{(2},\overset{\mathrm{b}}{3},\overset{\mathrm{p}}{1)}\begin{pmatrix}2\\2\\3\end{pmatrix} = 2\times2+3\times2+1\times3 = 13$

B店ならば　$\overset{\mathrm{a}}{(1},\overset{\mathrm{b}}{2},\overset{\mathrm{p}}{2)}\begin{pmatrix}2\\2\\3\end{pmatrix} = 1\times2+2\times2+2\times3 = 12$

と計算できる．

他方で，花子がa, b, pをそれぞれ3個，1個，2個買うときの金額は，同様にして

A店ならば　$\overset{\mathrm{a}}{(2},\overset{\mathrm{b}}{3},\overset{\mathrm{p}}{1)}\begin{pmatrix}3\\1\\2\end{pmatrix} = 11$

B 店ならば

$$\overset{\text{a}\ \text{b}\ \text{p}}{(1,2,2)}\begin{pmatrix}3\\1\\2\end{pmatrix}=9$$

と計算される．

これらをまとめて

$$\begin{matrix}\text{A 店}\\ \text{B 店}\end{matrix}\begin{pmatrix}2 & 3 & 1\\1 & 2 & 2\end{pmatrix}\begin{pmatrix}2 & 3\\2 & 1\\3 & 2\end{pmatrix}=\begin{pmatrix}13 & 11\\12 & 9\end{pmatrix}$$

（列の下に：太郎　花子　　太郎　花子）

と書こう．この左辺は 2 つの行列からなり，これらの行列を掛けた行列と行列の積が右辺であると考える．

行列の積についての一般的な話は，次の節で説明する．

回転　xy 面上のベクトル $\boldsymbol{x}_0=(x_0, y_0)$ を角 θ_1 だけ回転したとき，点 (x_0, y_0) が点 (x_1, y_1) に移るとすれば

$$x_1 = x_0\cos\theta_1 - y_0\sin\theta_1$$
$$y_1 = x_0\sin\theta_1 + y_0\cos\theta_1$$

である（図 2-1）．これは 1 次変換であって，行列を用いれば

$$\begin{pmatrix}x_1\\y_1\end{pmatrix}=\begin{pmatrix}\cos\theta_1 & -\sin\theta_1\\ \sin\theta_1 & \cos\theta_1\end{pmatrix}\begin{pmatrix}x_0\\y_0\end{pmatrix}$$

と書ける．さらに角 θ_2 だけ回転すれば，点 (x_0, y_0) は

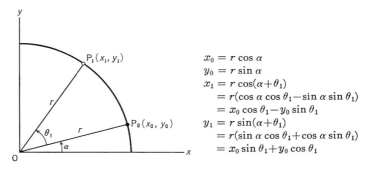

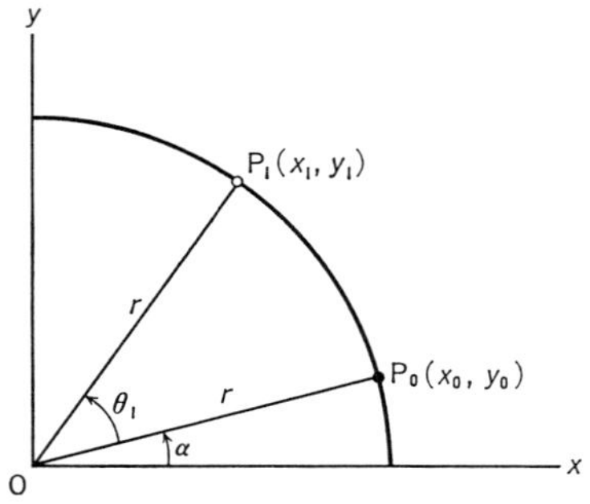

$$\begin{aligned}x_0 &= r\cos\alpha\\ y_0 &= r\sin\alpha\\ x_1 &= r\cos(\alpha+\theta_1)\\ &= r(\cos\alpha\cos\theta_1-\sin\alpha\sin\theta_1)\\ &= x_0\cos\theta_1-y_0\sin\theta_1\\ y_1 &= r\sin(\alpha+\theta_1)\\ &= r(\sin\alpha\cos\theta_1+\cos\alpha\sin\theta_1)\\ &= x_0\sin\theta_1+y_0\cos\theta_1\end{aligned}$$

図 2-1　回転による点の移動

$$\begin{pmatrix} x_2 \\ y_2 \end{pmatrix} = \begin{pmatrix} \cos(\theta_1+\theta_2) & -\sin(\theta_1+\theta_2) \\ \sin(\theta_1+\theta_2) & \cos(\theta_1+\theta_2) \end{pmatrix} \begin{pmatrix} x_0 \\ y_0 \end{pmatrix}$$

のように点(x_2, y_2)に移るわけである.

三角関数の加法定理

$$\cos(\theta_1+\theta_2) = \cos\theta_1\cos\theta_2 - \sin\theta_1\sin\theta_2$$

$$\sin(\theta_1+\theta_2) = \sin\theta_1\cos\theta_2 + \cos\theta_1\sin\theta_2$$

は行列と行列の積を用いて

$$\begin{pmatrix} \cos(\theta_1+\theta_2) & -\sin(\theta_1+\theta_2) \\ \sin(\theta_1+\theta_2) & \cos(\theta_1+\theta_2) \end{pmatrix} = \begin{pmatrix} \cos\theta_2 & -\sin\theta_2 \\ \sin\theta_2 & \cos\theta_2 \end{pmatrix} \begin{pmatrix} \cos\theta_1 & -\sin\theta_1 \\ \sin\theta_1 & \cos\theta_1 \end{pmatrix}$$

と書くことができる. したがって

$$R_2 = \begin{pmatrix} \cos\theta_2 & -\sin\theta_2 \\ \sin\theta_2 & \cos\theta_2 \end{pmatrix}, \qquad R_1 = \begin{pmatrix} \cos\theta_1 & -\sin\theta_1 \\ \sin\theta_1 & \cos\theta_1 \end{pmatrix}$$

とおけば, これらの回転は

$$\begin{pmatrix} x_1 \\ y_1 \end{pmatrix} = R_1 \begin{pmatrix} x_0 \\ y_0 \end{pmatrix}$$

$$\begin{pmatrix} x_2 \\ y_2 \end{pmatrix} = R_2 \begin{pmatrix} x_1 \\ y_1 \end{pmatrix} = R_2 R_1 \begin{pmatrix} x_0 \\ y_0 \end{pmatrix}$$

と表わされる.

問 題 2-2

1. 線形関係が成り立つ具体的な例をいくつかあげよ.

2. $y = a_1x_1 + a_2x_2$ とする. x_1 が x_1' に, x_2 が x_2' に変わるとき, y が y' に変わる. $y'-y$ を $x_1'-x_1$ と $x_2'-x_2$ とで表わせ.

3. 次の行列の積を求めよ.

(1) $\begin{pmatrix} 2 & 3 \\ 1 & 2 \end{pmatrix}\begin{pmatrix} 2 & 3 \\ 2 & 1 \end{pmatrix}$ (2) $\begin{pmatrix} 2 & 3 \\ 2 & 1 \end{pmatrix}\begin{pmatrix} 2 & 3 \\ 1 & 2 \end{pmatrix}$

(3) $\begin{pmatrix} 3 & 1 \\ 2 & 2 \end{pmatrix}\begin{pmatrix} 2 & 1 \\ 3 & -2 \end{pmatrix}$ (4) $\begin{pmatrix} 2 & 1 \\ 3 & -2 \end{pmatrix}\begin{pmatrix} 3 & 1 \\ 2 & 2 \end{pmatrix}$

2-3 行列の積と転置行列

前節の例をふまえて，一般に，行列の積を次のように定義する．

積　$A=(a_{ik})$ を $m\times l$ 型行列，$B=(b_{kj})$ を $l\times n$ 型行列とするとき，A と B の積は，その (i,j) 成分がベクトル $(a_{i1},a_{i2},\cdots,a_{il})$ と $(b_{1j},b_{2j},\cdots,b_{lj})$ の内積

$$\sum_{k=1}^{l} a_{ik}b_{kj} = a_{i1}b_{1j}+a_{i2}b_{2j}+\cdots+a_{il}b_{lj} \tag{2.13}$$

$$(i=1,2,\cdots,m,\ \ j=1,2,\cdots,n)$$

である $m\times n$ 型行列で定義され，AB でこの行列を表わす．これは

$$AB=\begin{pmatrix} a_{11} & a_{12} & \cdots & a_{1l} \\ a_{21} & a_{22} & \cdots & a_{2l} \\ \cdots & \cdots & \cdots & \cdots \\ a_{m1} & a_{m2} & \cdots & a_{ml} \end{pmatrix}\begin{pmatrix} b_{11} & b_{12} & \cdots & b_{1n} \\ b_{21} & b_{22} & \cdots & b_{2n} \\ \cdots & \cdots & \cdots & \cdots \\ b_{l1} & b_{l2} & \cdots & b_{ln} \end{pmatrix}$$

$$=\begin{pmatrix} \sum_{k=1}^{l} a_{1k}b_{k1} & \sum_{k=1}^{l} a_{1k}b_{k2} & \cdots & \sum_{k=1}^{l} a_{1k}b_{kn} \\ \sum_{k=1}^{l} a_{2k}b_{k1} & \sum_{k=1}^{l} a_{2k}b_{k2} & \cdots & \sum_{k=1}^{l} a_{2k}b_{kn} \\ \cdots & \cdots & \cdots & \cdots \\ \sum_{k=1}^{l} a_{mk}b_{k1} & \sum_{k=1}^{l} a_{mk}b_{k2} & \cdots & \sum_{k=1}^{l} a_{mk}b_{kn} \end{pmatrix} \tag{2.14}$$

となる．

積 AB は A の列数と B の行数が等しいときに定義されていることに注意しよう．さらに，AB が(2.14)で定義できても，B の列数と A の行数が異なるときは，A と B の順序を交換した積 BA は作れない．

A が $1\times l$ 型行列で B が $l\times 1$ 型行列であるとき，積 AB は，行ベクトルと列ベクトルの積

$$(a_{11},a_{12},\cdots,a_{1l})\begin{pmatrix} b_{11} \\ b_{21} \\ \vdots \\ b_{l1} \end{pmatrix} = \sum_{k=1}^{l} a_{1k}b_{k1} \tag{2.15}$$

となり，その値は1×1型行列，つまり1つの数である．(2.15)式は第1章で学んだベクトルの内積を異なった形式($1\times l$型行列と$l\times 1$型行列との積)で表わしたものであって，2–2節で使われた行列の積の特殊な場合である(内積を示す点・はつけない)．

積(2.14)を計算するとき，図2–2のようにA, Bを配置し，Aの第i行を行ベクトル，Bの第j列を列ベクトルとみなし，これらの内積$\sum_{k=1}^{l} a_{ik}b_{kj}$を作り，これを$AB$の第$i$行第$j$列の場所に書くとよい．

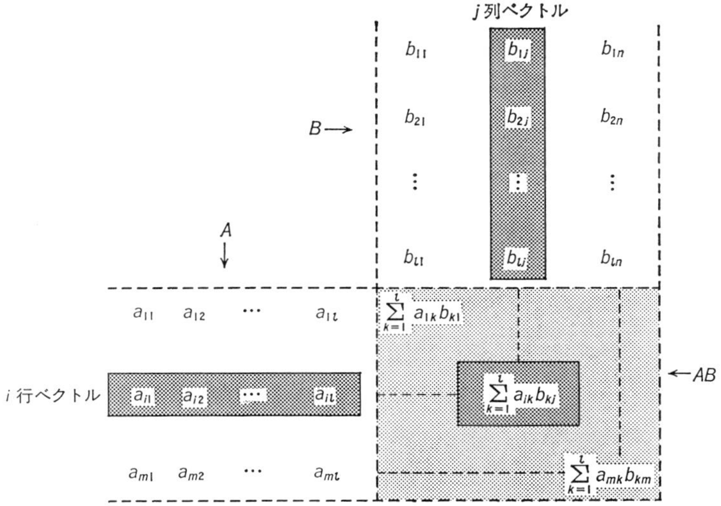

図2–2　行列の積ABの計算法

例題2.3　次の計算をせよ．

(1)　$(1, -1)\begin{pmatrix} 2 \\ 3 \end{pmatrix}$　　(2)　$\begin{pmatrix} 2 & 5 \\ -3 & 1 \end{pmatrix}\begin{pmatrix} 0 & 3 \\ 1 & -1 \end{pmatrix}$

(3)　$\begin{pmatrix} 1 & 0 & 5 & 3 \\ -2 & 0 & 2 & 1 \end{pmatrix}\begin{pmatrix} 8 & 2 \\ 1 & 5 \\ 3 & 2 \\ 4 & 0 \end{pmatrix}$　　(4)　$\begin{pmatrix} 2 & 1 \\ 0 & 3 \\ 5 & 4 \end{pmatrix}\begin{pmatrix} 1 \\ -1 \end{pmatrix}$

[解]　(1)　(2.15)式を使うと

$$(1, -1)\begin{pmatrix}2\\3\end{pmatrix} = 1\times2+(-1)\times3 = -1$$

となる.

(2)　図 2-3 のように書くと，右下の 4 つの式を計算して

$$\begin{pmatrix}5 & 1\\1 & -10\end{pmatrix}$$

が求める行列である.

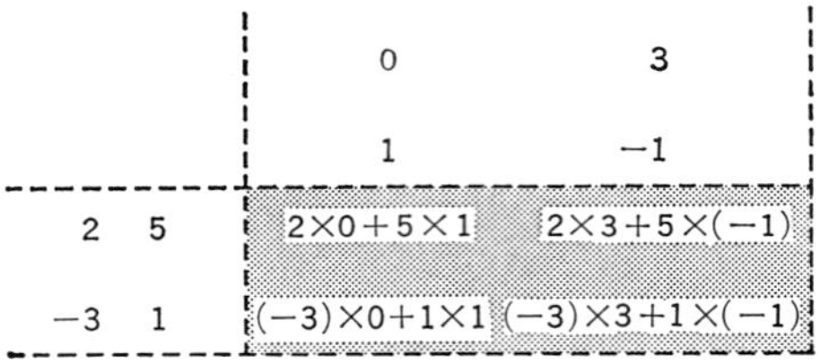

図 2-3

(3)　(2.13)式によって計算しよう．$m=2$，$n=2$ なので，積は 2×2 型行列となる.

(1, 1) 成分　　$1\times8+0\times1+5\times3+3\times4 = 35$

(1, 2) 成分　　$1\times2+0\times5+5\times2+3\times0 = 12$

(2, 1) 成分　　$(-2)\times8+0\times1+2\times3+1\times4 = -6$

(2, 2) 成分　　$(-2)\times2+0\times5+2\times2+1\times0 = 0$

したがって，解は

$$\begin{pmatrix}35 & 12\\-6 & 0\end{pmatrix}$$

である.

(4)　$m=3$，$n=1$ なので，積は 3 次元列ベクトルとなり，解は

$$\begin{pmatrix}2\times1+1\times(-1)\\0\times1+3\times(-1)\\5\times1+4\times(-1)\end{pmatrix} = \begin{pmatrix}1\\-3\\1\end{pmatrix}$$

である. ∎

演算の公式

これまで述べた4つの演算について基本的な公式をあげておこう．

スカラー倍と和 A, B, C, O は同じ型の行列であるとする．

[1] $r(sA) = rsA$ (r, s は実数)

[2] $(r+s)A = rA+sA$

[3] $A+B = B+A$

[4] $(A+B)+C = A+(B+C)$

[5] $r(A+B) = rA+rB$

とくに

$$0A = O, \quad A+O = A$$

となる．

積 A と B を $m\times l$ 型，C を $l\times n$ 型，D を $k\times m$ 型とする．このとき AC, BC が定義され，$m\times n$ 型となる．DA, DB も定義され，$k\times l$ 型となる．さらに，$D(AC)$, $D(BC)$, $(DA)C$, $(DB)C$ が定義でき，この4つはすべて $k\times n$ 型となる．このとき

[6] $(A+B)C = AC+BC$

[7] $D(A+B) = DA+DB$

[8] $D(AC) = (DA)C$

[9] $r(AC) = (rA)C = A(rC)$ (r は実数)

単位行列との積については

[10] $E_mA = A, \quad AE_l = A$ (2.16)

が成立する．

上の公式[6], [8]および[10]の第1式を証明しておこう．他の公式も同様な方法で証明できる．この証明では A, $A+B$, AC の (i,j) 成分をそれぞれ A_{ij}, $(A+B)_{ij}$, $(AC)_{ij}$ などと書くこととする．

[6] の証明 $(A+B)C$ の (i,j) 成分は

$$\{(A+B)C\}_{ij} = \sum_{k=1}^{l}(A+B)_{ik}C_{kj}$$

である．$A+B$ の (i,k) 成分は和の定義から $(A+B)_{ik}=A_{ik}+B_{ik}$ である．したがって

$$\sum_{k=1}^{l}(A+B)_{ik}C_{kj}=\sum_{k=1}^{l}(A_{ik}+B_{ik})C_{kj}$$
$$=\sum_{k=1}^{l}A_{ik}C_{kj}+\sum_{k=1}^{l}B_{ik}C_{kj}$$
$$=(AC)_{ij}+(BC)_{ij}$$

これから

$$\{(A+B)C\}_{ij}=(AC)_{ij}+(BC)_{ij} \tag{2.17}$$

すべての i,j について(2.17)が成立するから

$$(A+B)C=AC+BC$$

となる．

[8] の証明　積の定義から

$$\{D(AC)\}_{ij}=\sum_{p=1}^{m}D_{ip}(AC)_{pj}$$
$$=\sum_{p=1}^{m}D_{ip}\sum_{q=1}^{l}A_{pq}C_{qj}$$

ここで p についての和と q についての和の順序を入れ替えると

$$\{D(AC)\}_{ij}=\sum_{q=1}^{l}(\sum_{p=1}^{m}D_{ip}A_{pq})C_{qj}$$
$$=\sum_{q=1}^{l}(DA)_{iq}C_{qj}$$
$$=\{(DA)C\}_{ij} \tag{2.18}$$

(2.18)はすべての i,j について成立するので

$$D(AC)=(DA)C$$

が成立する．

[10] の証明　クロネッカーのデルタ記号とよばれる次の δ_{ij} を導入しよう．

$$\delta_{ij}=0 \quad (i\neq j), \qquad \delta_{ii}=1 \tag{2.19}$$

ここでは，$i=1,2,\cdots,m$，$j=1,2,\cdots,m$ とする．E_m の (i,j) 成分は δ_{ij} に等しい．積の定義から

$$(E_mA)_{ij} = \sum_{k=1}^{m} \delta_{ik}A_{kj}$$
$$= \delta_{ii}A_{ij} = A_{ij}$$

したがって

$$E_mA = A$$

が成立している．

例題 2.4　次の計算をせよ．

(1)　$(1,0,2)\begin{pmatrix} 3 & -1 \\ 2 & 5 \\ 0 & 3 \end{pmatrix}\begin{pmatrix} 0 & 2 \\ 1 & -1 \end{pmatrix}$

(2)　$\begin{pmatrix} 5 & 0 & 1 \\ -3 & -2 & 1 \\ 2 & -4 & 3 \end{pmatrix}\begin{pmatrix} 0 & 1 \\ 4 & -3 \\ 8 & 1 \end{pmatrix}\begin{pmatrix} 2 & 0 \\ -2 & 5 \end{pmatrix}$

(3)　$\begin{pmatrix} 1 & -2 \\ 2 & 0 \end{pmatrix}\begin{pmatrix} 1 & 1 \\ 0 & -1 \end{pmatrix}$,　　$\begin{pmatrix} 1 & 1 \\ 0 & -1 \end{pmatrix}\begin{pmatrix} 1 & -2 \\ 2 & 0 \end{pmatrix}$

［解］　積は公式 [8] によって，どこから計算をはじめてもよい．

(1)　$(1,0,2)\begin{pmatrix} 3 & -1 \\ 2 & 5 \\ 0 & 3 \end{pmatrix}\begin{pmatrix} 0 & 2 \\ 1 & -1 \end{pmatrix} = (3,5)\begin{pmatrix} 0 & 2 \\ 1 & -1 \end{pmatrix} = (5,1)$

(2)　$\begin{pmatrix} 5 & 0 & 1 \\ -3 & -2 & 1 \\ 2 & -4 & 3 \end{pmatrix}\begin{pmatrix} 0 & 1 \\ 4 & -3 \\ 8 & 1 \end{pmatrix}\begin{pmatrix} 2 & 0 \\ -2 & 5 \end{pmatrix} = \begin{pmatrix} 8 & 6 \\ 0 & 4 \\ 8 & 17 \end{pmatrix}\begin{pmatrix} 2 & 0 \\ -2 & 5 \end{pmatrix}$

$$= \begin{pmatrix} 4 & 30 \\ -8 & 20 \\ -18 & 85 \end{pmatrix}$$

(3)　$\begin{pmatrix} 1 & -2 \\ 2 & 0 \end{pmatrix}\begin{pmatrix} 1 & 1 \\ 0 & -1 \end{pmatrix} = \begin{pmatrix} 1 & 3 \\ 2 & 2 \end{pmatrix}$

$\begin{pmatrix} 1 & 1 \\ 0 & -1 \end{pmatrix}\begin{pmatrix} 1 & -2 \\ 2 & 0 \end{pmatrix} = \begin{pmatrix} 3 & -2 \\ -2 & 0 \end{pmatrix}$　　▌

［注意］　(i)　A, B が正方行列であるとき，A を B の右からでも左からでもかけることができる．しかし，例題 2.4 の (3) からわかるように，$AB=BA$ が

成立するとは限らない．このように，一般には

$$AB \neq BA \quad \text{あるいは} \quad AB-BA \neq 0$$

である．$AB=BA$ のとき，行列 A と B は**可換**であるという．また $AB-BA$ を**交換子**ということがある．

行列 A と B が可換なのは特殊な場合だけであるから，行列の積においては，掛ける順序に注意しなければならない．

(ii) $AB=0$ であっても $A=0$，あるいは $B=0$ とは限らない．たとえば

$$A=\begin{pmatrix} a & a \\ b & b \end{pmatrix}, \qquad B=\begin{pmatrix} -c & c \\ c & -c \end{pmatrix}$$

とすれば，a, b, c の値にかかわらず $AB=0$ である．また，このとき，$BA=0$ とは限らない．▌

転置行列　行列の行と列を入れかえること，すなわち (i,j) 成分を (j,i) 成分と入れかえることを**転置する**という．$m\times n$ 型行列 A を転置した $n\times m$ 型行列を A の**転置行列**といい，A^{T} で表わす（${}^{\mathrm{t}}A$ で表わす本もある）．添字 T は転置 (transposed) を意味する．

$$A=\begin{pmatrix} a_{11} & a_{12} & \cdots & a_{1n} \\ a_{21} & a_{22} & \cdots & a_{2n} \\ \cdots & \cdots & \cdots & \cdots \\ a_{m1} & a_{m2} & \cdots & a_{mn} \end{pmatrix} \text{に対し}$$

$$A^{\mathrm{T}}=\begin{pmatrix} a_{11} & a_{21} & \cdots & a_{m1} \\ a_{12} & a_{22} & \cdots & a_{m2} \\ \cdots & \cdots & \cdots & \cdots \\ a_{1n} & a_{2n} & \cdots & a_{mn} \end{pmatrix} \tag{2.20}$$

である．A^{T} の (i,j) 成分を $(A^{\mathrm{T}})_{ij}$ と書くと

$$(A^{\mathrm{T}})_{ij} = a_{ji} \tag{2.21}$$

である．とくに $1\times n$ 型行列（行ベクトル）の転置行列は $n\times 1$ 型行列（列ベクトル）である．これはたとえば

$$\begin{pmatrix} c_1 \\ c_2 \end{pmatrix} = (c_1, c_2)^{\mathrm{T}}, \qquad (c_1, c_2) = \begin{pmatrix} c_1 \\ c_2 \end{pmatrix}^{\mathrm{T}}$$

などと書ける．

転置については，次の重要な性質がある．

$$(A^{\mathrm{T}})^{\mathrm{T}} = A$$
$$(AB)^{\mathrm{T}} = B^{\mathrm{T}}A^{\mathrm{T}} \tag{2.22}$$

この第1式は自明であろう．第2式で A, B がベクトルのときは，$A=(a_1, a_2)$，$B=(b_1, b_2)^{\mathrm{T}}$ として

$$AB = (a_1, a_2)\begin{pmatrix} b_1 \\ b_2 \end{pmatrix} = a_1b_1+a_2b_2$$

$$\therefore \quad (AB)^{\mathrm{T}} = a_1b_1+a_2b_2 = (b_1, b_2)\begin{pmatrix} a_1 \\ a_2 \end{pmatrix} = B^{\mathrm{T}}A^{\mathrm{T}}$$

である．一般的には次のように証明される．$(AB)^{\mathrm{T}}$ の (i,j) 成分は

$$\sum_{k=1}^{l} a_{jk}b_{ki} = \sum_{k=1}^{l} (A^{\mathrm{T}})_{kj}(B^{\mathrm{T}})_{ik}$$
$$= \sum_{k=1}^{l} (B^{\mathrm{T}})_{ik}(A^{\mathrm{T}})_{kj} = (B^{\mathrm{T}}A^{\mathrm{T}}) \text{ の } (i,j) \text{ 成分}$$

である．

問　題 2-3

1. $$A = \begin{pmatrix} 3 & -2 \\ -1 & 0 \end{pmatrix}, \quad B = \begin{pmatrix} 1 & 3 \\ 4 & 2 \end{pmatrix}, \quad C = \begin{pmatrix} 6 & 3 & 2 \\ 5 & 0 & -2 \end{pmatrix}$$

のとき，$A-B$, $A+B$, AB, BA, ABC の値を求めよ．

2. 正方行列 A の n 個の積を A^n と書く．

$$\begin{pmatrix} 2 & 1 \\ 0 & 2 \end{pmatrix}^n = \begin{pmatrix} 2^n & 2^{n-1}n \\ 0 & 2^n \end{pmatrix}$$

を証明せよ．

3. $A=\begin{pmatrix} \cos\theta & -\sin\theta \\ \sin\theta & \cos\theta \end{pmatrix}$ に対し，A^n を計算せよ．

4. $A=\begin{pmatrix} a & b \\ 0 & a \end{pmatrix}$ $(a, b$ は定数$)$ のとき，A^n を計算せよ．

2-4　行列の分割

小行列　行列の行や列の個数が多くなると，行列演算によって成分を求めることは大変めんどうになる．そこで，行列をいくつかの部分に分割し，その部分ごとに計算すると便利なことが多い．また，行列の一般的な性質を調べるときも，行列を部分に分割すると都合がよい場合がある．

まず，行列は行ベクトルまたは列ベクトルに分割できることを示そう．2×2型行列 A と列ベクトル $\boldsymbol{b}$ の積は

$$A\boldsymbol{b} = \begin{pmatrix} a_{11} & a_{12} \\ a_{21} & a_{22} \end{pmatrix}\begin{pmatrix} b_1 \\ b_2 \end{pmatrix} = \begin{pmatrix} a_{11}b_1 + a_{12}b_2 \\ a_{21}b_1 + a_{22}b_2 \end{pmatrix}$$

$$= \begin{pmatrix} a_{11} \\ a_{21} \end{pmatrix} b_1 + \begin{pmatrix} a_{12} \\ a_{22} \end{pmatrix} b_2$$

と書ける．これは列ベクトル

$$\boldsymbol{a}_1 = \begin{pmatrix} a_{11} \\ a_{21} \end{pmatrix}, \qquad \boldsymbol{a}_2 = \begin{pmatrix} a_{12} \\ a_{22} \end{pmatrix}$$

を使って

$$A\boldsymbol{b} = \boldsymbol{a}_1 b_1 + \boldsymbol{a}_2 b_2 \tag{2.23}$$

と書き直せる．

(2.23)式の右辺は $\boldsymbol{a}_1, \boldsymbol{a}_2$ を成分とする行ベクトル $(\boldsymbol{a}_1, \boldsymbol{a}_2)$ と列ベクトル $\boldsymbol{b}$ の積((2.15)参照)であると考えると

$$A\boldsymbol{b} = (\boldsymbol{a}_1, \boldsymbol{a}_2)\begin{pmatrix} b_1 \\ b_2 \end{pmatrix}$$

となる．したがって行列 A は列ベクトル $\boldsymbol{a}_1, \boldsymbol{a}_2$ を並べた行ベクトル

$$A = (\boldsymbol{a}_1, \boldsymbol{a}_2) \tag{2.24}$$

と考えてよいことがわかる．

また，A に左から行ベクトル $\boldsymbol{b}' = (b_1', b_2')$ をかけて上と同じような計算をする場合は，A は行ベクトル

$$\boldsymbol{a}_1' = (a_{11}, a_{12}), \qquad \boldsymbol{a}_2' = (a_{21}, a_{22})$$

を成分とする列ベクトル

$$A=\begin{pmatrix} \boldsymbol{a}_1' \\ \boldsymbol{a}_2' \end{pmatrix} \tag{2.25}$$

と考えてよい．このとき，$\boldsymbol{b}'A=b_1'\boldsymbol{a}_1'+b_2'\boldsymbol{a}_2'$.

(2.24)式と(2.25)式のどちらの分割を行なうかは，計算の目的によって選べばよい．

$m\times n$ 型行列

$$A=\begin{pmatrix} a_{11} & a_{12} & \cdots & a_{1n} \\ a_{21} & a_{22} & \cdots & a_{2n} \\ \cdots & \cdots & \cdots & \cdots \\ a_{m1} & a_{m2} & \cdots & a_{mn} \end{pmatrix} \tag{2.26}$$

は，m 個の行ベクトル $\boldsymbol{a}_i\,(i=1,2,\cdots,m)$

$$\boldsymbol{a}_i=(a_{i1},a_{i2},\cdots,a_{in})$$

に分割すれば

$$A=\begin{pmatrix} \boldsymbol{a}_1 \\ \boldsymbol{a}_2 \\ \vdots \\ \boldsymbol{a}_m \end{pmatrix} \tag{2.27}$$

となる．また，n 個の列ベクトル $\boldsymbol{a}_j'\,(j=1,2,\cdots,n)$

$$\boldsymbol{a}_j'=\begin{pmatrix} a_{1j} \\ a_{2j} \\ \vdots \\ a_{mj} \end{pmatrix}$$

に分割すれば

$$A=(\boldsymbol{a}_1',\boldsymbol{a}_2',\cdots,\boldsymbol{a}_n') \tag{2.28}$$

となる．

目的によっては $m\times n$ 型行列をいくつかの「小さな」行列に分割することもある．たとえば，pq 個に分けると

$$A=\begin{pmatrix} A_{11} & A_{12} & \cdots & A_{1q} \\ A_{21} & A_{22} & \cdots & A_{2q} \\ \cdots & \cdots & \cdots & \cdots \\ A_{p1} & A_{p2} & \cdots & A_{pq} \end{pmatrix} \tag{2.29}$$

ここで A_{ij} は $m_i \times n_j$ 型行列で，m_i, n_j には条件

$$\sum_{i=1}^{p} m_i = m, \qquad \sum_{j=1}^{q} n_j = n$$

がつく．たとえば，3×4 型行列 A を

$$A=\left(\begin{array}{c|cc|c} 1 & -1 & 0 & 1 \\ 0 & 1 & -1 & 0 \\ \hline 1 & 0 & 1 & 0 \end{array}\right)$$

とし，これを

$$A_{11}=\begin{pmatrix} 1 \\ 0 \end{pmatrix}, \qquad A_{12}=\begin{pmatrix} -1 & 0 \\ 1 & -1 \end{pmatrix}, \qquad A_{13}=\begin{pmatrix} 1 \\ 0 \end{pmatrix}$$

$$A_{21}=(1), \qquad A_{22}=(0,1), \qquad A_{23}=(0)$$

のように分割すれば

$$p=2, \qquad m_1=2, \qquad m_2=1$$

$$q=3, \qquad n_1=1, \qquad n_2=2, \qquad n_3=1$$

である．

(2.29)式で各 A_{ij} を A の**小行列**という．

小行列による演算

行列のスカラー倍，和，差，積の演算は，小行列を単位として行なうことができる．このとき，小行列は各演算が行なえるような型でなければならない．

例として，$m \times n$ 型行列 A, B をそれぞれ 4 つの小行列に分割して

$$A=\begin{pmatrix} A_{11} & A_{12} \\ A_{21} & A_{22} \end{pmatrix}, \qquad B=\begin{pmatrix} B_{11} & B_{12} \\ B_{21} & B_{22} \end{pmatrix}$$

としよう．

スカラー倍

$$rA=\begin{pmatrix} rA_{11} & rA_{12} \\ rA_{21} & rA_{22} \end{pmatrix}$$

和　各 A_{ij} が対応する B_{ij} と同じ型をもつとき

$$A+B=\begin{pmatrix} A_{11}+B_{11} & A_{12}+B_{12} \\ A_{21}+B_{21} & A_{22}+B_{22} \end{pmatrix}$$

差についても同様の関係式が書ける．

積　各 i, j, k について A_{ik} の列の数と B_{kj} の行の数が等しいとき，積 $A_{ik}B_{kj}$ が定義できる．このとき

$$AB=\begin{pmatrix} \sum_{k=1}^{2} A_{1k}B_{k1} & \sum_{k=1}^{2} A_{1k}B_{k2} \\ \sum_{k=1}^{2} A_{2k}B_{k1} & \sum_{k=1}^{2} A_{2k}B_{k2} \end{pmatrix}$$

が成立する．

一般に，$m\times l$ 型行列 A を $m_i\times l_s$ 小行列 A_{is} $\left(\sum_{i=1}^{p} m_i=m,\ \sum_{s=1}^{q} l_s=l\right)$，$l\times n$ 型行列 B を $l_s\times n_j$ 小行列 B_{sj} $\left(\sum_{j=1}^{r} n_j=n\right)$ に分解すると

$$\begin{aligned} AB &= \begin{pmatrix} A_{11} & A_{12} & \cdots & A_{1q} \\ A_{21} & A_{22} & \cdots & A_{2q} \\ \cdots & \cdots & \cdots & \cdots \\ A_{p1} & A_{p2} & \cdots & A_{pq} \end{pmatrix} \begin{pmatrix} B_{11} & B_{12} & \cdots & B_{1r} \\ B_{21} & B_{22} & \cdots & B_{2r} \\ \cdots & \cdots & \cdots & \cdots \\ B_{q1} & B_{q2} & \cdots & B_{qr} \end{pmatrix} \\ &= \begin{pmatrix} \sum_{s=1}^{q} A_{1s}B_{s1} & \cdots & \sum_{s=1}^{q} A_{1s}B_{sr} \\ \cdots & \cdots & \cdots \\ \sum_{s=1}^{q} A_{ps}B_{s1} & \cdots & \sum_{s=1}^{q} A_{ps}B_{sr} \end{pmatrix} \end{aligned} \tag{2.30}$$

が成立する．

小行列 $\sum_{s=1}^{q} A_{as}B_{sb}$ の (c, d) 成分は AB の $\left(c+\sum_{i=1}^{a-1} m_i,\ d+\sum_{j=1}^{b-1} n_j\right)$ 成分に等しくなることから，(2.30)式が確かめられる．

例題 2.5　A を $m\times l$ 型行列，B を $l\times n$ 型行列とする．A の各行を $\boldsymbol{a}_i$ $(i=1, 2, \cdots, m)$，B の各列を $\boldsymbol{b}_j$ $(j=1, 2, \cdots, n)$ とする．

$$A=\begin{pmatrix} \boldsymbol{a}_1 \\ \boldsymbol{a}_2 \\ \vdots \\ \boldsymbol{a}_m \end{pmatrix}, \qquad B=(\boldsymbol{b}_1, \boldsymbol{b}_2, \cdots, \boldsymbol{b}_n)$$

このとき

$$AB = (A\boldsymbol{b}_1, A\boldsymbol{b}_2, \cdots, A\boldsymbol{b}_n) = \begin{pmatrix} \boldsymbol{a}_1 B \\ \boldsymbol{a}_2 B \\ \vdots \\ \boldsymbol{a}_m B \end{pmatrix}$$

$$= \begin{pmatrix} \boldsymbol{a}_1\cdot\boldsymbol{b}_1 & \boldsymbol{a}_1\cdot\boldsymbol{b}_2 & \cdots & \boldsymbol{a}_1\cdot\boldsymbol{b}_n \\ \boldsymbol{a}_2\cdot\boldsymbol{b}_1 & \boldsymbol{a}_2\cdot\boldsymbol{b}_2 & \cdots & \boldsymbol{a}_2\cdot\boldsymbol{b}_n \\ \cdots & \cdots & \cdots & \cdots \\ \boldsymbol{a}_m\cdot\boldsymbol{b}_1 & \boldsymbol{a}_m\cdot\boldsymbol{b}_2 & \cdots & \boldsymbol{a}_m\cdot\boldsymbol{b}_n \end{pmatrix}$$

を証明せよ.

[解]　$\boldsymbol{a}_i$ の成分を $a_{ik}\,(k=1,2,\cdots,l)$, $\boldsymbol{b}_j$ の成分を $b_{kj}\,(k=1,2,\cdots,l)$ と書くと，AB の第 j 列は $\sum_{k=1}^{l} a_{ik}b_{kj}\,(i=1,2,\cdots,m)$ を成分とするベクトルであり，これは $A\boldsymbol{b}_j$ に等しい(第1式). AB の第 i 行は $\sum_{k=1}^{l} a_{ik}b_{kj}\,(j=1,2,\cdots,n)$ を成分とするベクトルであり，$\boldsymbol{a}_iB$ に等しい(第2式). 最後の式は，行列 $\{A\boldsymbol{b}_j | j=1,2,\cdots,n\}$ または $\{\boldsymbol{a}_iB | i=1,2,\cdots,m\}$ を成分で表わせば得られる. ▎

転置行列　A_{ij} を A の小行列とするとき

$$A = \begin{pmatrix} A_{11} & A_{12} & \cdots & A_{1q} \\ A_{21} & A_{22} & \cdots & A_{2q} \\ \cdots & \cdots & \cdots & \cdots \\ A_{p1} & A_{p2} & \cdots & A_{pq} \end{pmatrix} \text{に対し}$$

$$A^{\mathrm{T}} = \begin{pmatrix} A_{11}{}^{\mathrm{T}} & A_{21}{}^{\mathrm{T}} & \cdots & A_{p1}{}^{\mathrm{T}} \\ A_{12}{}^{\mathrm{T}} & A_{22}{}^{\mathrm{T}} & \cdots & A_{p2}{}^{\mathrm{T}} \\ \cdots & \cdots & \cdots & \cdots \\ A_{1q}{}^{\mathrm{T}} & A_{2q}{}^{\mathrm{T}} & \cdots & A_{pq}{}^{\mathrm{T}} \end{pmatrix} \tag{2.31}$$

が A の転置行列を与える.

問　題 2-4

1. $A = \begin{pmatrix} A_{11} & A_{12} \\ A_{21} & A_{22} \end{pmatrix}$,　$A_{11} = \begin{pmatrix} a_{11} \\ a_{21} \end{pmatrix}$,　$A_{12} = \begin{pmatrix} a_{12} & a_{13} \\ a_{22} & a_{23} \end{pmatrix}$

$A_{21} = a_{31}$,　$A_{22} = (a_{32}, a_{33})$

$$B=\begin{pmatrix}B_{11} & B_{12}\\ B_{21} & B_{22}\end{pmatrix},\qquad B_{11}=b_{11},\qquad B_{12}=b_{12}$$

$$B_{21}=\begin{pmatrix}b_{21}\\ b_{31}\end{pmatrix},\qquad B_{22}=\begin{pmatrix}b_{22}\\ b_{32}\end{pmatrix}$$

とする．このとき

$$A_{11}B_{11},\ A_{12}B_{21}\ ;\quad A_{11}B_{12},\ A_{12}B_{22}$$
$$A_{21}B_{11},\ A_{22}B_{21}\ ;\quad A_{21}B_{12},\ A_{22}B_{22}$$

を求め，さらに

$$\begin{aligned}AB&=\begin{pmatrix}a_{11}b_{11}+a_{12}b_{21}+a_{13}b_{31} & a_{11}b_{12}+a_{12}b_{22}+a_{13}b_{32}\\ a_{21}b_{11}+a_{22}b_{21}+a_{23}b_{31} & a_{21}b_{12}+a_{22}b_{22}+a_{23}b_{32}\\ a_{31}b_{11}+a_{32}b_{21}+a_{33}b_{31} & a_{31}b_{12}+a_{32}b_{22}+a_{33}b_{32}\end{pmatrix}\\ &=\begin{pmatrix}A_{11}B_{11}+A_{12}B_{21} & A_{11}B_{12}+A_{12}B_{22}\\ A_{21}B_{11}+A_{22}B_{21} & A_{21}B_{12}+A_{22}B_{22}\end{pmatrix}\end{aligned}$$

を確かめよ．

第 2 章演習問題

[1] $A=\begin{pmatrix}2 & -1\\ 1 & 3\end{pmatrix}$, $B=\begin{pmatrix}0 & 1\\ 2 & -1\end{pmatrix}$ とするとき，次の行列を求めよ．

$$A+B,\ AB,\ A^2,\ A^{\mathrm{T}}B^{\mathrm{T}}$$

[2] 任意の 2×2 型行列は

$$\begin{pmatrix}1 & 0\\ 0 & 0\end{pmatrix},\ \begin{pmatrix}0 & 0\\ 0 & 1\end{pmatrix},\ \begin{pmatrix}0 & 0\\ 1 & 0\end{pmatrix},\ \begin{pmatrix}0 & 1\\ 0 & 0\end{pmatrix}$$

の 1 次結合で表わされることを示せ．

[3] 次の計算をせよ．

$$\begin{pmatrix}1 & 2 & 1 & 3\\ 0 & -1 & 1 & 0\\ 2 & 1 & 0 & 2\end{pmatrix}\begin{pmatrix}2 & -1\\ -2 & 1\\ 1 & 3\\ 0 & 2\end{pmatrix}\begin{pmatrix}1 & 0\\ -1 & 1\end{pmatrix}$$

[4]　$A=\begin{pmatrix}1 & 2\\0 & 1\end{pmatrix}$, $B=\begin{pmatrix}2 & -1\\1 & 3\end{pmatrix}$ のとき

$$A^{\mathrm{T}}+B^{\mathrm{T}},\ BA,\ A^{\mathrm{T}}B^{\mathrm{T}},\ AB,\ (AB)^{\mathrm{T}}$$

の値を求めよ．

[5]　$(ABC)^{\mathrm{T}}=C^{\mathrm{T}}B^{\mathrm{T}}A^{\mathrm{T}}$ を証明せよ．

[6]　正方行列 A の n 個の積を A^n と書くとき，$(A^n)^{\mathrm{T}}=(A^{\mathrm{T}})^n$ を示せ．

[7]

$$B=\begin{pmatrix}0 & \sqrt{1} & & & \\ & 0 & \sqrt{2} & & \text{\Large 0} \\ & & 0 & \ddots & \\ & & & \ddots & \sqrt{n} \\ & \text{\Large 0} & & & 0\end{pmatrix}$$

とするとき，BB^{T}, $B^{\mathrm{T}}B$, $BB^{\mathrm{T}}-B^{\mathrm{T}}B$ および $B^{\mathrm{T}}B-BB^{\mathrm{T}}$ を計算せよ．また，$BB^{\mathrm{T}}+B^{\mathrm{T}}B$ を計算せよ．ただし上式は対角線の上隣りの要素 $\sqrt{1}, \sqrt{2}, \cdots, \sqrt{n}$ 以外の要素はすべて 0 であることを意味する．

[8]

$$P=\begin{pmatrix}0 & 1 & 0 & 0\\0 & 0 & 1 & 0\\0 & 0 & 0 & 1\\1 & 0 & 0 & 0\end{pmatrix}$$

とするとき，P^2, P^3, P^4 を求めよ．

[9]　巡回行列

$$A=\begin{pmatrix}a_1 & a_2 & a_3 & a_4\\a_4 & a_1 & a_2 & a_3\\a_3 & a_4 & a_1 & a_2\\a_2 & a_3 & a_4 & a_1\end{pmatrix}$$

は，前問の P を用いて

$$A=a_1E_4+a_2P+a_3P^2+a_4P^3$$

と書けることを示せ（これは n 次行列へ拡張できる）．

Coffee Break

行列と行列式

「切符を買う人の行列」などというように，日常語では行列というと1列に並んだものを指すが，数学の行列はこれと異なり，横の行と縦の列とからなる四角っぽいものである．

歴史的にいえば，行列の概念よりも行列式のほうが先で，関孝和(1642–1708)は連立1次方程式の解き方に行列式と同等のものを用いている．ほぼ同時代にライプニッツ(1646–1716)も連立1次方程式の解法に同様なことを考えている．しかしその後しばらく忘れられていたところ，クラメル(1704–1752)によって行列式の用法が定着した．

行列は1次変換の概念が熟するときに徐々に定式化されたものである．行列(matrix)と行列式(determinant)という言葉は，日本語では似ているのでややこしい．行列は線形代数を具体的に表わすのに広く用いられる．これに対して，行列式は数値的な計算の道具であるように思われることもあるが，最近では必ずしもそうでなく，非線形波動の問題でも行列式が大きな役割を演じはじめている．

3

行列式

行列式はもともと，連立１次方程式を解く方法の研究から発明されたものである．他方で，行列は１次変換の研究から発達した．このように別々の生い立ちをもっているのであるが，正方行列の成分を a_{ij} で表わすと，この正方行列の行列式はこの a_{ij} の積を加え合わせた形の式で与えられる．行列式を使った連立１次方程式の解法，行列式のもつ幾何学的な意味などを調べよう．

3-1 連立1次方程式と行列式

2次の行列式

この章では連立方程式の一般的な解法を中心的に扱うが，まず簡単な例として，2つの未知数 x_1 と x_2 をもつ連立方程式

$$\begin{cases} a_{11}x_1+a_{12}x_2 = c_1 \\ a_{21}x_1+a_{22}x_2 = c_2 \end{cases} \tag{3.1}$$

を考えよう．この方程式の左辺は x_1 と x_2 について1次の式なので，このような方程式を**連立1次方程式**という．これを解くため，第1式の両辺に a_{22} をかけ，第2式の両辺に a_{12} をかけて差を作ると，x_2 が消去されて

$$(a_{11}a_{22}-a_{12}a_{21})x_1 = a_{22}c_1-a_{12}c_2 \tag{3.2}$$

を得る．また，第1式の両辺に a_{21} をかけ，第2式の両辺に a_{11} をかけて差を作ると，x_1 が消去されて

$$(a_{12}a_{21}-a_{11}a_{22})x_2 = a_{21}c_1-a_{11}c_2 \tag{3.3}$$

を得る．ここで(3.2)と(3.3)の左辺には，符号がちがうが，共に係数で作った式 $a_{11}a_{22}-a_{12}a_{21}$ が現われているから，係数を並べて，これを

$$D = \begin{vmatrix} a_{11} & a_{12} \\ a_{21} & a_{22} \end{vmatrix} = a_{11}a_{22}-a_{12}a_{21} \tag{3.4}$$

と書こう．これをみると，中の式の左上の a_{11} と斜右下の a_{22} の積から左下の a_{21} と斜右上の a_{12} の積を引いたものが，この式の意味であることがわかる．

ここで D を，行列

$$A = \begin{pmatrix} a_{11} & a_{12} \\ a_{21} & a_{22} \end{pmatrix}$$

の**行列式**(determinant)という．行列 A の行列式は $|A|$，あるいは $\det A$ と書く．すなわち

$$D = |A| = \det A \tag{3.5}$$

同様の規則で

$$D_1 = \begin{vmatrix} c_1 & a_{12} \\ c_2 & a_{22} \end{vmatrix} = c_1a_{22} - c_2a_{12}$$
$$D_2 = \begin{vmatrix} a_{11} & c_1 \\ a_{21} & c_2 \end{vmatrix} = a_{11}c_2 - a_{21}c_1 \tag{3.6}$$

と書くと，(3.1)式の解は，$D \neq 0$ のとき

$$x_1 = \frac{D_1}{D}, \qquad x_2 = \frac{D_2}{D} \tag{3.7}$$

となる．D_1 は A の第1列 $(a_{11}, a_{21})^{\mathrm{T}}$ を $(c_1, c_2)^{\mathrm{T}}$ でおきかえた行列の行列式であり，D_2 は A の第2列 $(a_{12}, a_{22})^{\mathrm{T}}$ を $(c_1, c_2)^{\mathrm{T}}$ でおきかえた行列の行列式である．上の解法は 4-3 節で一般化する**クラメルの公式**の最も簡単な場合である．

例題 3.1　連立方程式

$$\begin{cases} x+y = 3 \\ x-y = 1 \end{cases}$$

を解け．

[解]

$$D = \begin{vmatrix} 1 & 1 \\ 1 & -1 \end{vmatrix} = 1\times(-1)-1\times1 = -2$$
$$D_1 = \begin{vmatrix} 3 & 1 \\ 1 & -1 \end{vmatrix} = 3\times(-1)-1\times1 = -4$$
$$D_2 = \begin{vmatrix} 1 & 3 \\ 1 & 1 \end{vmatrix} = 1\times1-1\times3 = -2$$

したがって

$$x = \frac{D_1}{D} = 2, \qquad y = \frac{D_2}{D} = 1$$

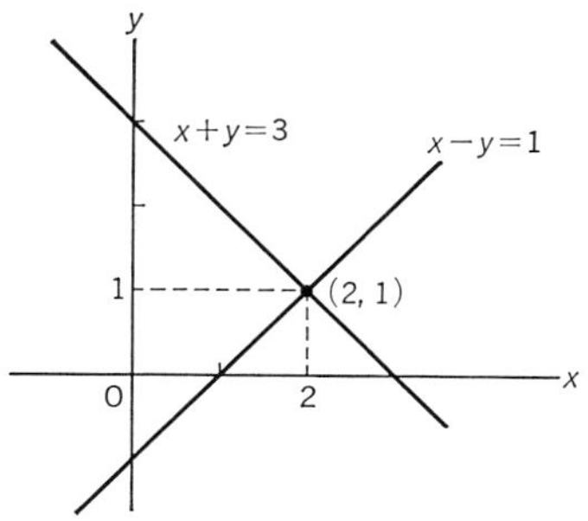

図 3-1

この解は図 3-1 のように直線 $x+y=3$ と $x-y=1$ の交点 $(2,1)$ として幾何学的に解釈できる. ▎

2 次の行列式の幾何学的意味 2 次の行列式は，次のような幾何学的な意味をもっている.

2 次の正方行列 A は 2 つの行ベクトル $\boldsymbol{a}_1=(a_{11},a_{12})$, $\boldsymbol{a}_2=(a_{21},a_{22})$ で表わされる. 他方で例題 1.3(10ページ)で示したように, $\boldsymbol{a}_1, \boldsymbol{a}_2$ を 2 辺とする平行 4 辺形の面積は $|\boldsymbol{a}_1\times\boldsymbol{a}_2|$ であり，ここで外積の公式 [4](13 ページ)を用いれば

$$\boldsymbol{a}_1\times\boldsymbol{a}_2 = (a_{11},a_{12})\times(a_{21},a_{22}) = a_{11}a_{22}-a_{12}a_{21} = |A|$$

したがって，行列 $A=(\boldsymbol{a}_1,\boldsymbol{a}_2)^{\mathrm{T}}$ の行列式 $D=|A|$ の大きさは，ベクトル $\boldsymbol{a}_1,\boldsymbol{a}_2$ を 2 辺とする平行 4 辺形の面積に等しい. すなわち

$$|\boldsymbol{a}_1\times\boldsymbol{a}_2| = \begin{vmatrix} a_{11} & a_{12} \\ a_{21} & a_{22} \end{vmatrix} \text{の絶対値} \tag{3.8}$$

3 次の行列式

次に 3 つの未知数 x_1, x_2, x_3 をもつ連立 1 次方程式

$$\begin{cases} a_{11}x_1+a_{12}x_2+a_{13}x_3 = c_1 \\ a_{21}x_1+a_{22}x_2+a_{23}x_3 = c_2 \\ a_{31}x_1+a_{32}x_2+a_{33}x_3 = c_3 \end{cases} \tag{3.9}$$

を考えよう. 行列とベクトル

$$A = \begin{pmatrix} a_{11} & a_{12} & a_{13} \\ a_{21} & a_{22} & a_{23} \\ a_{31} & a_{32} & a_{33} \end{pmatrix}, \qquad \boldsymbol{x} = \begin{pmatrix} x_1 \\ x_2 \\ x_3 \end{pmatrix}, \qquad \boldsymbol{c} = \begin{pmatrix} c_1 \\ c_2 \\ c_3 \end{pmatrix}$$

を用いれば，この連立 1 次方程式は

$$A\boldsymbol{x} = \boldsymbol{c}$$

と書ける. ここで A は**係数行列**とよばれる.

(3.9)式を解くには，たとえば，まず x_3 を消去して, x_1 と x_2 だけの式にすればよい. そこで(3.9)の第 1 式と第 2 式から x_3 を消去するために，第 1 式に a_{23} をかけ，第 2 式に $-a_{13}$ をかけて加えると

$$(a_{23}a_{11}-a_{13}a_{21})x_1+(a_{23}a_{12}-a_{22}a_{13})x_2 = a_{23}c_1-a_{13}c_2$$

を得る．同様に(3.9)の第2式と第3式から x_3 を消去するために，第2式に a_{33} をかけ，第3式に $-a_{23}$ をかけて加えると

$$(a_{33}a_{21}-a_{23}a_{31})x_1+(a_{33}a_{22}-a_{23}a_{32})x_2 = a_{33}c_2-a_{23}c_3$$

を得る．これにより変数は x_1, x_2 だけになったから，(3.1)式を解いた方法で解けるわけである．そこで，x_1 と x_2 の係数で作った行列式(3.4)に相当して

$$\begin{aligned}\varDelta &\equiv \begin{vmatrix} a_{23}a_{11}-a_{13}a_{21} & a_{23}a_{12}-a_{22}a_{13} \\ a_{33}a_{21}-a_{23}a_{31} & a_{33}a_{22}-a_{23}a_{32} \end{vmatrix} \\ &= (a_{23}a_{11}-a_{13}a_{21})(a_{33}a_{22}-a_{23}a_{32})-(a_{33}a_{21}-a_{23}a_{31})(a_{23}a_{12}-a_{22}a_{13})\end{aligned}$$

とおく．これを計算すると，a_{23} でくくれて

$$\begin{aligned}\varDelta &= a_{23}\{a_{11}(a_{22}a_{33}-a_{32}a_{23})-a_{21}(a_{12}a_{33}-a_{32}a_{13})+a_{31}(a_{12}a_{23}-a_{22}a_{13})\} \\ &= a_{23}\left(a_{11}\begin{vmatrix} a_{22} & a_{23} \\ a_{32} & a_{33}\end{vmatrix}-a_{21}\begin{vmatrix} a_{12} & a_{13} \\ a_{32} & a_{33}\end{vmatrix}+a_{31}\begin{vmatrix} a_{12} & a_{13} \\ a_{22} & a_{23}\end{vmatrix}\right)\end{aligned}$$

となる．またこの場合(3.1)式の c_1, c_2 にあたるものは，それぞれ $a_{23}c_1-a_{13}c_2$, $a_{33}c_2-a_{23}c_3$ であるから，(3.6)式の D_1 に相当して

$$\varDelta_1 = \begin{vmatrix} a_{23}c_1-a_{13}c_2 & a_{23}a_{12}-a_{22}a_{13} \\ a_{33}c_2-a_{23}c_3 & a_{33}a_{22}-a_{23}a_{32}\end{vmatrix}$$

とおき，これを少し計算すると a_{23} でくくれて

$$\varDelta_1 = a_{23}\left(c_1\begin{vmatrix} a_{22} & a_{23} \\ a_{32} & a_{33}\end{vmatrix}-c_2\begin{vmatrix} a_{12} & a_{13} \\ a_{32} & a_{33}\end{vmatrix}+c_3\begin{vmatrix} a_{12} & a_{13} \\ a_{22} & a_{23}\end{vmatrix}\right)$$

となる．このとき(3.7)式に相当して x_1 は $x_1=\varDelta_1/\varDelta$ で与えられることになる．

ここで，$\varDelta_1$ と $\varDelta$ は同じ係数 a_{23} をもつので $x_1=\varDelta_1/\varDelta$ においてはこの係数は現われない．そこで

$$\begin{aligned}D = |A| = \det A &= \begin{vmatrix} a_{11} & a_{12} & a_{13} \\ a_{21} & a_{22} & a_{23} \\ a_{31} & a_{32} & a_{33}\end{vmatrix} \\ &= a_{11}\begin{vmatrix} a_{22} & a_{23} \\ a_{32} & a_{33}\end{vmatrix}-a_{21}\begin{vmatrix} a_{12} & a_{13} \\ a_{32} & a_{33}\end{vmatrix}+a_{31}\begin{vmatrix} a_{12} & a_{13} \\ a_{22} & a_{23}\end{vmatrix} \qquad (3.10)\end{aligned}$$

と定義し，これを**3次の行列式**という．これは，行列 A の第1列の左上の a_{11}

に対し，この列と行を除く部分で作った行列式を右辺第1項のようにかけ，次に A の第1列2行目の a_{21} に対し，この列と行を除く部分で作った行列式の符号を変えたものを右辺第2項のようにかけ，最後に A の第1列3行目の a_{31} に対し，この列と行を除く部分で作った行列式をかけて，これらを加え合わせる規則である．同様に

$$D_1 = \begin{vmatrix} c_1 & a_{12} & a_{13} \\ c_2 & a_{22} & a_{23} \\ c_3 & a_{32} & a_{33} \end{vmatrix}$$

$$= c_1\begin{vmatrix} a_{22} & a_{23} \\ a_{32} & a_{33} \end{vmatrix} - c_2\begin{vmatrix} a_{12} & a_{13} \\ a_{32} & a_{33} \end{vmatrix} + c_3\begin{vmatrix} a_{12} & a_{13} \\ a_{22} & a_{23} \end{vmatrix} \tag{3.11}$$

したがって解は，$D \neq 0$ のとき

$$x_1 = \frac{D_1}{D} = \frac{\begin{vmatrix} c_1 & a_{12} & a_{13} \\ c_2 & a_{22} & a_{23} \\ c_3 & a_{32} & a_{33} \end{vmatrix}}{\begin{vmatrix} a_{11} & a_{12} & a_{13} \\ a_{21} & a_{22} & a_{23} \\ a_{31} & a_{32} & a_{33} \end{vmatrix}} \tag{3.12}$$

と書ける．x_2, x_3 についても同様であって，

$$x_2 = \frac{D_2}{D} = \frac{\begin{vmatrix} a_{11} & c_1 & a_{13} \\ a_{21} & c_2 & a_{23} \\ a_{31} & c_3 & a_{33} \end{vmatrix}}{\begin{vmatrix} a_{11} & a_{12} & a_{13} \\ a_{21} & a_{22} & a_{23} \\ a_{31} & a_{32} & a_{33} \end{vmatrix}}, \qquad x_3 = \frac{D_3}{D} = \frac{\begin{vmatrix} a_{11} & a_{12} & c_1 \\ a_{21} & a_{22} & c_2 \\ a_{31} & a_{32} & c_3 \end{vmatrix}}{\begin{vmatrix} a_{11} & a_{12} & a_{13} \\ a_{21} & a_{22} & a_{23} \\ a_{31} & a_{32} & a_{33} \end{vmatrix}} \tag{3.13}$$

となる．このように，行列式を用いれば連立方程式の解は簡潔に表わされる．$D=0$ の場合は第5章で扱う．

3次の行列式(3.10)をすっかり書けば

$$\begin{aligned} D &= |A| \\ &= a_{11}a_{22}a_{33} + a_{12}a_{23}a_{31} + a_{13}a_{32}a_{21} \\ &\quad - a_{13}a_{22}a_{31} - a_{12}a_{21}a_{33} - a_{11}a_{32}a_{23} \end{aligned} \tag{3.14}$$

となる．この(3.14)式の右辺の各項は，図3-2で実線で結ばれた数の3つの積(正符号)と点線で結ばれた数の3つの積(負符号)である．このことは3次の行列式を計算するのに便利であるが，4次以上の行列式では，このような計算方法はない．

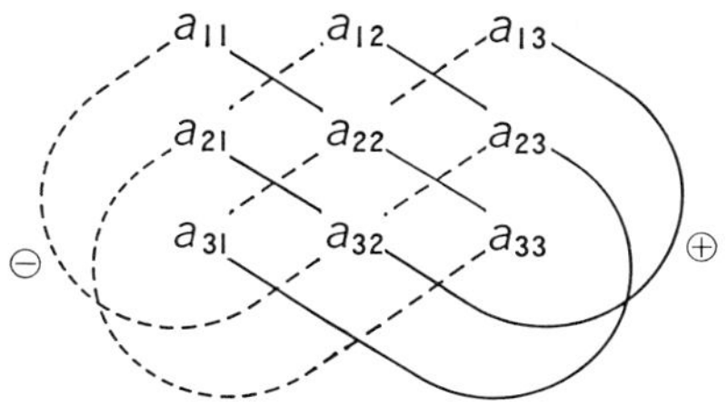

図3-2 3次の行列式の計算法

なお，(3.14)は(3.10)で計算してもよく，また

$$D = |A| = \begin{vmatrix} a_{11} & a_{12} & a_{13} \\ a_{21} & a_{22} & a_{23} \\ a_{31} & a_{32} & a_{33} \end{vmatrix}$$

$$= a_{11}\begin{vmatrix} a_{22} & a_{23} \\ a_{32} & a_{33} \end{vmatrix} - a_{12}\begin{vmatrix} a_{21} & a_{23} \\ a_{31} & a_{33} \end{vmatrix} + a_{13}\begin{vmatrix} a_{21} & a_{22} \\ a_{31} & a_{32} \end{vmatrix} \tag{3.15}$$

で計算してもよい(これらが等しいことを確かめよ)．

3次の行列式の幾何学的意味 3次の行列式は，次のような幾何学的な意味をもっている．3次の正方行列 A は3つの行ベクトル $\boldsymbol{a}_1=(a_{11}, a_{12}, a_{13})$, $\boldsymbol{a}_2=(a_{21}, a_{22}, a_{23})$, $\boldsymbol{a}_3=(a_{31}, a_{32}, a_{33})$ で表わされる．他方で例題1.3(10ページ)で示したように，$\boldsymbol{a}_1, \boldsymbol{a}_2, \boldsymbol{a}_3$ を3辺とする平行6面体の体積は $|(\boldsymbol{a}_1\times\boldsymbol{a}_2)\cdot\boldsymbol{a}_3|$ あるいは $|(\boldsymbol{a}_2\times\boldsymbol{a}_3)\cdot\boldsymbol{a}_1|$ であり，公式[3], [4](13ページ)および(3.15)により

$$\begin{aligned}(\boldsymbol{a}_2\times\boldsymbol{a}_3)\cdot\boldsymbol{a}_1 &= (\boldsymbol{a}_2\times\boldsymbol{a}_3)_1 a_{11} + (\boldsymbol{a}_2\times\boldsymbol{a}_3)_2 a_{12} + (\boldsymbol{a}_2\times\boldsymbol{a}_3)_3 a_{13} \\ &= (a_{22}a_{33} - a_{23}a_{32})a_{11} + (a_{23}a_{31} - a_{21}a_{33})a_{12} \\ &\quad + (a_{21}a_{32} - a_{22}a_{31})a_{13} \\ &= |A|\end{aligned}$$

すなわち，行列 $A=(\boldsymbol{a}_1, \boldsymbol{a}_2, \boldsymbol{a}_3)^{\mathrm{T}}$ の行列式 $|A|$ の大きさは，ベクトル $\boldsymbol{a}_1, \boldsymbol{a}_2, \boldsymbol{a}_3$ を3辺とする平行6面体の体積に等しい．式で書けば

$$|(\boldsymbol{a}_1\times\boldsymbol{a}_2)\cdot\boldsymbol{a}_3| = \begin{vmatrix} a_{11} & a_{12} & a_{13} \\ a_{21} & a_{22} & a_{23} \\ a_{31} & a_{32} & a_{33} \end{vmatrix} \text{の絶対値} \tag{3.16}$$

例題 3.2 連立方程式

$$\begin{cases} x+y+z = 6 \\ x-y+z = 2 \\ x+y-z = 4 \end{cases}$$

を解け．

[解]
$$D = \begin{vmatrix} 1 & 1 & 1 \\ 1 & -1 & 1 \\ 1 & 1 & -1 \end{vmatrix} = \begin{vmatrix} -1 & 1 \\ 1 & -1 \end{vmatrix} - \begin{vmatrix} 1 & 1 \\ 1 & -1 \end{vmatrix} + \begin{vmatrix} 1 & 1 \\ -1 & 1 \end{vmatrix}$$

$$= 0+2+2 = 4$$

$$D_1 = \begin{vmatrix} 6 & 1 & 1 \\ 2 & -1 & 1 \\ 4 & 1 & -1 \end{vmatrix} = 6\begin{vmatrix} -1 & 1 \\ 1 & -1 \end{vmatrix} - 2\begin{vmatrix} 1 & 1 \\ 1 & -1 \end{vmatrix} + 4\begin{vmatrix} 1 & 1 \\ -1 & 1 \end{vmatrix}$$

$$= 0+2\times2+4\times2 = 12$$

$$D_2 = \begin{vmatrix} 1 & 6 & 1 \\ 1 & 2 & 1 \\ 1 & 4 & -1 \end{vmatrix} = \begin{vmatrix} 2 & 1 \\ 4 & -1 \end{vmatrix} - \begin{vmatrix} 6 & 1 \\ 4 & -1 \end{vmatrix} + \begin{vmatrix} 6 & 1 \\ 2 & 1 \end{vmatrix}$$

$$= -6+10+4 = 8$$

$$D_3 = \begin{vmatrix} 1 & 1 & 6 \\ 1 & -1 & 2 \\ 1 & 1 & 4 \end{vmatrix} = \begin{vmatrix} -1 & 2 \\ 1 & 4 \end{vmatrix} - \begin{vmatrix} 1 & 6 \\ 1 & 4 \end{vmatrix} + \begin{vmatrix} 1 & 6 \\ -1 & 2 \end{vmatrix}$$

$$= -6+2+8 = 4$$

したがって

$$x = \frac{12}{4} = 3, \quad y = \frac{8}{4} = 2, \quad z = \frac{4}{4} = 1 \qquad \blacksquare$$

問　題 3-1

1. 次の行列式を計算せよ．

(1) $\begin{vmatrix} 2 & -1 \\ 3 & 1 \end{vmatrix}$　　(2) $\begin{vmatrix} \cos\theta & -\sin\theta \\ \sin\theta & \cos\theta \end{vmatrix}$

(3) $\begin{vmatrix} 2 & -1 & 6 \\ 5 & 0 & 1 \\ 3 & 2 & 4 \end{vmatrix}$　　(4) $\begin{vmatrix} 1 & 2 & 3 \\ -1 & -2 & -3 \\ 2 & 4 & 6 \end{vmatrix}$

2. 次の連立方程式を解け．

$$\begin{cases} x_1+2x_2+x_3 = 0 \\ 2x_1-x_2+x_3 = 1 \\ x_1-2x_2+x_3 = 2 \end{cases}$$

3. 図のような電気回路に流れる直流電流 I_1, I_2, I_3 は，連立1次方程式

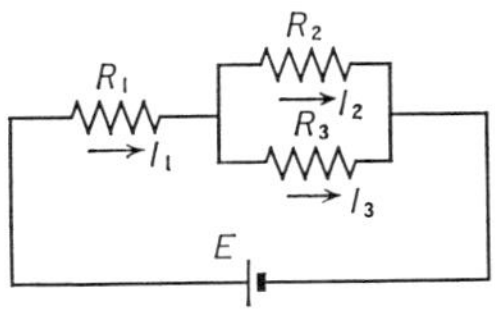

$$\begin{cases} I_1-I_2-I_3 = 0 \\ R_2I_2-R_3I_3 = 0 \\ R_1I_1+R_2I_2 = E \end{cases}$$

を満たす．ここで R_1, R_2, R_3, E は定数である．電流 I_1, I_2, I_3 を求めよ．

3-2　行列式の展開

未知数が2個，3個の連立1次方程式の解法と，2次，3次の行列式のことはわかったと思う．そこで，より多くの未知数をもつ連立1次方程式の解き方へ進もう．そのために，一般の次数の行列式を準備することからはじめる．

3次の行列式(3.15)は

$$D = a_{11}\tilde{A}_{11}+a_{12}\tilde{A}_{12}+a_{13}\tilde{A}_{13} \tag{3.17}$$

ただし

$$\tilde{A}_{11} = \begin{vmatrix} a_{22} & a_{23} \\ a_{32} & a_{33} \end{vmatrix}, \quad \tilde{A}_{12} = -\begin{vmatrix} a_{21} & a_{23} \\ a_{31} & a_{33} \end{vmatrix}, \quad \tilde{A}_{13} = \begin{vmatrix} a_{21} & a_{22} \\ a_{31} & a_{32} \end{vmatrix} \tag{3.18}$$

という形をしている．(3.17)式は行列式(3.15)を第1行の成分 a_{11}, a_{12}, a_{13} で

展開したものとみることができる．4次以上の高次の行列式も，このような展開で定義することができる．

余因子　n 次正方行列

$$A=\begin{pmatrix} a_{11} & a_{12} & \cdots & a_{1n} \\ a_{21} & a_{22} & \cdots & a_{2n} \\ \multicolumn{4}{c}{\cdots\cdots\cdots\cdots\cdots\cdots} \\ a_{n1} & a_{n2} & \cdots & a_{nn} \end{pmatrix} \tag{3.19}$$

から第 k 行と第 l 列を取り除いた $n-1$ 次の行列を

$$\bar{A}_{kl}=\left(\begin{array}{ccc:ccc} a_{11} & \cdots & a_{1,l-1} & a_{1,l+1} & \cdots & a_{1n} \\ \vdots & & & & & \vdots \\ a_{k-1,1} & & & & & a_{k-1,n} \\ \hdashline a_{k+1,1} & & & & & a_{k+1,n} \\ \vdots & & & & & \vdots \\ a_{n1} & \cdots & a_{n,l-1} & a_{n,l+1} & \cdots & a_{nn} \end{array}\right) \tag{3.20}$$

と書く．(ただし，行列の中の点線は説明のためのもので，実際には書かない．)

$\bar{A}_{kl}$ の行列式 $|\bar{A}_{kl}|$ を a_{kl} に対する**小行列式**といい，これに符号をつけた

$$\tilde{A}_{kl}=(-1)^{k+l}|\bar{A}_{kl}| \tag{3.21}$$

を a_{kl} に対する**余因子**という．これを用いて，n 次の行列式を次のように定義する．

行列式　k を任意の整数 $(1\leqq k\leqq n)$ とし，n 次の正方行列 A の行列式 $D=|A|$ を

$$D=a_{k1}\tilde{A}_{k1}+a_{k2}\tilde{A}_{k2}+\cdots+a_{kn}\tilde{A}_{kn} \tag{3.22}$$

で定義する(次の例題 3.3 および例題 3.4 参照)．この値は k の値によらないことが示される(証明を略す)．(3.22)式を，D の第 k 行についての展開という．証明は略すが，行列式 D は行列 A の列について展開しても同じ値になる．すなわち，列についての展開は

$$D = a_{1j}\tilde{A}_{1j} + a_{2j}\tilde{A}_{2j} + \cdots + a_{nj}\tilde{A}_{nj} \tag{3.23}$$

もちろんこれも列 j の選び方によらない.

例題 3.3　$n=2$ のとき(3.22), (3.23)式を確かめよ.

[解]　$n=2$ のとき

$$\tilde{A}_{11} = a_{22}, \qquad \tilde{A}_{12} = -a_{21}$$
$$\tilde{A}_{21} = -a_{12}, \qquad \tilde{A}_{22} = a_{11}$$

したがって，第1行についての展開は

$$D = a_{11}\tilde{A}_{11} + a_{12}\tilde{A}_{12} = a_{11}a_{22} + a_{12}(-a_{21})$$

第2行についての展開は

$$D = a_{21}\tilde{A}_{21} + a_{22}\tilde{A}_{22} = a_{21}(-a_{12}) + a_{22}a_{11}$$

また，第1列についての展開は

$$D = a_{11}\tilde{A}_{11} + a_{21}\tilde{A}_{21} = a_{11}a_{22} + a_{21}(-a_{12})$$

第2列についての展開は

$$D = a_{12}\tilde{A}_{12} + a_{22}\tilde{A}_{22} = a_{12}(-a_{21}) + a_{22}a_{11}$$

これらはすべて同じ $D = a_{11}a_{22} - a_{12}a_{21}$ を与える. ▎

例題 3.4　4次の行列式を第1行についての展開で表わせ.

[解]

$$D = \begin{vmatrix} a_{11} & a_{12} & a_{13} & a_{14} \\ a_{21} & a_{22} & a_{23} & a_{24} \\ a_{31} & a_{32} & a_{33} & a_{34} \\ a_{41} & a_{42} & a_{43} & a_{44} \end{vmatrix}$$

$$= a_{11}\begin{vmatrix} a_{22} & a_{23} & a_{24} \\ a_{32} & a_{33} & a_{34} \\ a_{42} & a_{43} & a_{44} \end{vmatrix} - a_{12}\begin{vmatrix} a_{21} & a_{23} & a_{24} \\ a_{31} & a_{33} & a_{34} \\ a_{41} & a_{43} & a_{44} \end{vmatrix}$$

$$+ a_{13}\begin{vmatrix} a_{21} & a_{22} & a_{24} \\ a_{31} & a_{32} & a_{34} \\ a_{41} & a_{42} & a_{44} \end{vmatrix} - a_{14}\begin{vmatrix} a_{21} & a_{22} & a_{23} \\ a_{31} & a_{32} & a_{33} \\ a_{41} & a_{42} & a_{43} \end{vmatrix}$$ ▎

次数の多い行列式も，このような展開を繰り返して求め得る.

例題 3.5　次の4次の行列式を計算せよ.

$$D=\begin{vmatrix} 2 & 0 & 0 & 3 \\ 1 & 0 & 3 & 0 \\ 2 & 0 & 5 & 3 \\ 4 & 3 & 4 & 0 \end{vmatrix}$$

[解] 第1行について展開すれば

$$D=2\begin{vmatrix} 0 & 3 & 0 \\ 0 & 5 & 3 \\ 3 & 4 & 0 \end{vmatrix}-3\begin{vmatrix} 1 & 0 & 3 \\ 2 & 0 & 5 \\ 4 & 3 & 4 \end{vmatrix}=2\times(-3)\begin{vmatrix} 0 & 3 \\ 3 & 0 \end{vmatrix}-3\left(\begin{vmatrix} 0 & 5 \\ 3 & 4 \end{vmatrix}+3\begin{vmatrix} 2 & 0 \\ 4 & 3 \end{vmatrix}\right)$$

$$=2\times(-3)(-9)-3\times\{(-15)+3\times 6\}=54-9=45 \qquad \blacksquare$$

例題 3.6 次の式を証明せよ.

(1) $$\begin{vmatrix} a_{11} & 0 & \cdots & 0 \\ a_{21} & a_{22} & \ddots & \vdots \\ \vdots & & \ddots & 0 \\ a_{n1} & a_{n2} & \cdots & a_{nn} \end{vmatrix}=a_{11}a_{22}\cdots a_{nn}$$

(2) $$\begin{vmatrix} 0 & \cdots & 0 & a_{1n} \\ \vdots & & a_{2,n-1} & 0 \\ 0 & a_{n-1,2} & & \vdots \\ a_{n1} & 0 & \cdots\ \cdots & 0 \end{vmatrix}=(-1)^{n(n-1)/2}a_{1n}a_{2,n-1}\cdots a_{n1}$$

[解] (1) 第1行についての展開を行なうと

$$\begin{vmatrix} a_{11} & 0 & \cdots & 0 \\ a_{21} & a_{22} & \ddots & \vdots \\ \vdots & & \ddots & 0 \\ a_{n1} & a_{n2} & \cdots & a_{nn} \end{vmatrix}=a_{11}\begin{vmatrix} a_{22} & 0 & \cdots & 0 \\ a_{32} & a_{33} & \ddots & \vdots \\ \vdots & & \ddots & 0 \\ a_{n2} & \cdots & \cdots & a_{nn} \end{vmatrix}$$

右辺の行列式をふたたび第1行について展開する. 以下, これを繰り返すと, 求める結果が得られる.

(2) 第1行について展開すれば

$$\begin{vmatrix} 0 & \cdots & 0 & a_{1n} \\ \vdots & & a_{2,n-1} & 0 \\ 0 & a_{n-1,2} & & \vdots \\ a_{n1} & 0 & \cdots\ \cdots & 0 \end{vmatrix}=(-1)^{1+n}a_{1n}\begin{vmatrix} 0 & \cdots & 0 & a_{2,n-1} \\ \vdots & & & 0 \\ 0 & a_{n-1,2} & & \vdots \\ a_{n1} & 0 & \cdots & 0 \end{vmatrix}$$

以下, これを繰り返すと

$$\begin{vmatrix} 0 & \cdots & 0 & a_{1n} \\ \vdots & & a_{2,n-1} & 0 \\ 0 & a_{n-1,2} & & \vdots \\ a_{n1} & 0 & \cdots\ \cdots & 0 \end{vmatrix} = (-1)^{1+n}a_{1n}(-1)^{1+(n-1)}a_{2,n-1}\cdots(-1)^{1+1}a_{n1}$$

$$= (-1)^{n+n(n+1)/2}a_{1n}a_{2,n-1}\cdots a_{n1}$$

$$= (-1)^{n(n-1)/2}a_{1n}a_{2,n-1}\cdots a_{n1} \qquad \blacksquare$$

ラプラス展開　行列式はその行列の1つの行(あるいは列)で展開した形で与えられることを述べてきた．たとえば，例題3.4では第1行で展開している．これを拡張した形として，たとえば第1行と第2行を用いて行列式を展開することができる．4次の行列式を例にとると，例題3.4の行列式は

$$D = \begin{vmatrix} a_{11} & a_{12} & a_{13} & a_{14} \\ a_{21} & a_{22} & a_{23} & a_{24} \\ a_{31} & a_{32} & a_{33} & a_{34} \\ a_{41} & a_{42} & a_{43} & a_{44} \end{vmatrix}$$

$$= \begin{vmatrix} a_{11} & a_{12} \\ a_{21} & a_{22} \end{vmatrix}\begin{vmatrix} a_{33} & a_{34} \\ a_{43} & a_{44} \end{vmatrix} - \begin{vmatrix} a_{11} & a_{13} \\ a_{21} & a_{23} \end{vmatrix}\begin{vmatrix} a_{32} & a_{34} \\ a_{42} & a_{44} \end{vmatrix}$$

$$+ \begin{vmatrix} a_{11} & a_{14} \\ a_{21} & a_{24} \end{vmatrix}\begin{vmatrix} a_{32} & a_{33} \\ a_{42} & a_{43} \end{vmatrix} + \begin{vmatrix} a_{12} & a_{13} \\ a_{22} & a_{23} \end{vmatrix}\begin{vmatrix} a_{31} & a_{34} \\ a_{41} & a_{44} \end{vmatrix}$$

$$- \begin{vmatrix} a_{12} & a_{14} \\ a_{22} & a_{24} \end{vmatrix}\begin{vmatrix} a_{31} & a_{33} \\ a_{41} & a_{43} \end{vmatrix} + \begin{vmatrix} a_{13} & a_{14} \\ a_{23} & a_{24} \end{vmatrix}\begin{vmatrix} a_{31} & a_{32} \\ a_{41} & a_{42} \end{vmatrix} \tag{3.24}$$

と書ける．右辺の各項はそれぞれ2つの行列式の積であるが，その第1の行列式は a_{1k} と a_{2l}，すなわち行列 $A=(a_{ij})$ の第1行と第2行の要素から作られるものであり，第2の行列式は a_{3m} と a_{4n}，すなわち A の第3行と第4行の要素から作られるものである．第1行と第2行，第 k 列と第 l 列とから作られる小行列式を $\Delta\begin{pmatrix} 1 & 2 \\ k & l \end{pmatrix}$ $(k<l)$ と書き，第3行と第4行，第 m 列と第 n 列とから作られる小行列式を $\Delta\begin{pmatrix} 3 & 4 \\ m & n \end{pmatrix}$ $(m<n)$ と書けば，上の行列式は

$$D = \Delta\begin{pmatrix} 1 & 2 \\ 1 & 2 \end{pmatrix}\Delta\begin{pmatrix} 3 & 4 \\ 3 & 4 \end{pmatrix} - \Delta\begin{pmatrix} 1 & 2 \\ 1 & 3 \end{pmatrix}\Delta\begin{pmatrix} 3 & 4 \\ 2 & 4 \end{pmatrix}$$

$$+ \Delta\begin{pmatrix} 1 & 2 \\ 1 & 4 \end{pmatrix}\Delta\begin{pmatrix} 3 & 4 \\ 2 & 3 \end{pmatrix} + \Delta\begin{pmatrix} 1 & 2 \\ 2 & 3 \end{pmatrix}\Delta\begin{pmatrix} 3 & 4 \\ 1 & 4 \end{pmatrix}$$

$$-\Delta\begin{pmatrix}1 & 2\\ 2 & 4\end{pmatrix}\Delta\begin{pmatrix}3 & 4\\ 1 & 3\end{pmatrix}+\Delta\begin{pmatrix}1 & 2\\ 3 & 4\end{pmatrix}\Delta\begin{pmatrix}3 & 4\\ 1 & 2\end{pmatrix}$$

$$=\sum_{(k,l)}(-1)^{k+l+1}\Delta\begin{pmatrix}1 & 2\\ k & l\end{pmatrix}\Delta\begin{pmatrix}3 & 4\\ m & n\end{pmatrix} \qquad (3.25)$$

となる．ここで，$\sum_{(k,l)}$ は k,l,m,n の $1,2,3,4$ の並べかえ $(k<l,\ m<n)$ についての和である．

上の展開はさらに，n 次の行列式 $D=|(a_{ij})|$ に対し，次のように一般化できる．$1,2,\cdots,n$ から r 個の $i_1,i_2,\cdots,i_r$ をとり，$i_1<i_2<\cdots<i_r$ を与えたとし，その残りを $i_{r+1},i_{r+2},\cdots,i_n\ (i_{r+1}<i_{r+2}<\cdots<i_n)$ とする．このとき，n 次の行列式 $D=|(a_{ij})|$ は

$$D=\sum_{(j_1,j_2,\cdots,j_r)}(-1)^p\Delta\begin{pmatrix}i_1 & i_2 & \cdots & i_r\\ j_1 & j_2 & \cdots & j_r\end{pmatrix}\Delta\begin{pmatrix}i_{r+1} & i_{r+2} & \cdots & i_n\\ j_{r+1} & j_{r+2} & \cdots & j_n\end{pmatrix}$$

$$p=i_1+i_2+\cdots+i_r+j_1+j_2+\cdots+j_r \qquad (3.26)$$

で与えられる．ここで，$\Delta\begin{pmatrix}i_1 & i_2 & \cdots & i_r\\ j_1 & j_2 & \cdots & j_r\end{pmatrix}$ は第 $i_1,i_2,\cdots,i_r$ 行，第 $j_1,j_2,\cdots,j_r$ 列の要素 a_{ij} から作られる r 次の行列式であり，$\Delta\begin{pmatrix}i_{r+1} & i_{r+2} & \cdots & i_n\\ j_{r+1} & j_{r+2} & \cdots & j_n\end{pmatrix}$ も同様な $n-r$ 次の行列式である．ただし $j_1,j_2,\cdots,j_r$ は $1,2,\cdots,n$ から選んだ整数 $(j_1<j_2<\cdots<j_r)$ であり，$j_{r+1},j_{r+2},\cdots,j_n$ は残りの整数である．また，(3.26)式の和は r 個の $j_1,j_2,\cdots,j_r$ の選び方についての ${}_nC_r=n!/r!(n-r)!$ 個の和である．この(3.26)式を**ラプラス展開**という．

とくに $n=4$ のとき，$r=1$，$i_1=1$ とすれば，$\Delta\begin{pmatrix}1\\ j\end{pmatrix}=a_{1j}$，$p=1+j$ となり，(3.26)は例題 3.4 の展開に帰する．また，$r=2$, $i_1=1$, $i_2=2$ とすれば，(3.26)は(3.25)となる．

行列式は行と列をとりかえても変わらないから，(3.26)式は

$$D=\sum_{(j_1,j_2,\cdots,j_r)}(-1)^p\Delta\begin{pmatrix}j_1 & j_2 & \cdots & j_r\\ i_1 & i_2 & \cdots & i_r\end{pmatrix}\Delta\begin{pmatrix}j_{r+1} & j_{r+2} & \cdots & j_n\\ i_{r+1} & i_{r+2} & \cdots & i_n\end{pmatrix}$$

とも書ける．

ラプラス展開はやや複雑であるが，しばしば引用されるので証明なしに述べた．

問　題 3-2

1. 次の値を求めよ．

(1) $\begin{vmatrix} 2 & 5 & 0 & 4 \\ -3 & 4 & 7 & -5 \\ 1 & 0 & 8 & 2 \\ 5 & 2 & 0 & 3 \end{vmatrix}$　　(2) $\begin{vmatrix} 2 & 5 & 2 & 0 \\ -3 & 4 & -2 & 7 \\ 1 & 0 & 1 & 8 \\ 5 & 2 & -2 & 0 \end{vmatrix}$

2. 次の行列式を計算せよ．

(1) $\begin{vmatrix} 1 & 2 \\ 2 & 4 \end{vmatrix}$　　(2) $\begin{vmatrix} 1 & 1 & 1 \\ 1 & 2 & 3 \\ 2 & 4 & 6 \end{vmatrix}$

3-3　行列式の演算

行列式を計算するときに役立ついくつかの公式を調べよう．一般に，代数学では公式の使い方によって計算の能率が大きく変わることが多い．したがって，公式をただ理解するだけではなく，使い方を学ぶことが重要である．

n 次正方行列 A を列ベクトル $\boldsymbol{a}_1, \boldsymbol{a}_2, \cdots, \boldsymbol{a}_n$ で表わし，その行列式 $D=|A|$ を $|(\boldsymbol{a}_1, \boldsymbol{a}_2, \cdots, \boldsymbol{a}_n)|$ と書く．以下で列について成立する(3.27)～(3.31)式は，行についても成立する．

演算 1　<u>A の 1 つの列(あるいは行)を実数 r 倍すると，$|A|$ も r 倍となる．</u>

たとえば，2 次の行列式で第 2 列を r 倍したとき

$$\begin{vmatrix} a_{11} & ra_{12} \\ a_{21} & ra_{22} \end{vmatrix} = a_{11}ra_{22} - ra_{12}a_{21} = r(a_{11}a_{22} - a_{12}a_{21})$$

$$= r\begin{vmatrix} a_{11} & a_{12} \\ a_{21} & a_{22} \end{vmatrix}$$

一般の場合は，$1 \leqq p \leqq n$ として

$$|(\boldsymbol{a}_1, \cdots, r\boldsymbol{a}_p, \cdots, \boldsymbol{a}_n)| = r|(\boldsymbol{a}_1, \cdots, \boldsymbol{a}_p, \cdots, \boldsymbol{a}_n)| \tag{3.27}$$

が成立する．(3.27)を証明するには，(3.23)によって，(3.27)の左辺を第 p 列

について展開すればよい．

演算 2 A の 1 つの列(あるいは行)を 2 つのベクトルの和に分けると，行列式も 2 つの行列式の和となる．

たとえば，第 1 列が和で表わされたとき

$$\begin{vmatrix} a_{11}+a_{11}' & a_{12} \\ a_{21}+a_{21}' & a_{22} \end{vmatrix} = (a_{11}+a_{11}')a_{22}-a_{12}(a_{21}+a_{21}')$$

$$= a_{11}a_{22}-a_{12}a_{21}+a_{11}'a_{22}-a_{12}a_{21}'$$

$$= \begin{vmatrix} a_{11} & a_{12} \\ a_{21} & a_{22} \end{vmatrix} + \begin{vmatrix} a_{11}' & a_{12} \\ a_{21}' & a_{22} \end{vmatrix}$$

一般には，

$$|(\boldsymbol{a}_1, \cdots, \boldsymbol{a}_p+\boldsymbol{a}_p', \cdots, \boldsymbol{a}_n)|$$
$$= |(\boldsymbol{a}_1, \cdots, \boldsymbol{a}_p, \cdots, \boldsymbol{a}_n)|+|(\boldsymbol{a}_1, \cdots, \boldsymbol{a}_p', \cdots, \boldsymbol{a}_n)| \tag{3.28}$$

が成立する．(3.28)の証明は，この左辺を第 p 列について(3.23)のように展開すれば簡単に得られる．

演算 3 2 つの列(あるいは行)を入れ替えると，行列式の符号が変わる．

2 次の行列式では

$$\begin{vmatrix} a_{12} & a_{11} \\ a_{22} & a_{21} \end{vmatrix} = a_{12}a_{21}-a_{11}a_{22} = -\begin{vmatrix} a_{11} & a_{12} \\ a_{21} & a_{22} \end{vmatrix}$$

n 次の行列式では，$p \neq q$ として

$$|(\boldsymbol{a}_1, \cdots, \boldsymbol{a}_p, \cdots, \boldsymbol{a}_q, \cdots, \boldsymbol{a}_n)|$$
$$= -|(\boldsymbol{a}_1, \cdots, \boldsymbol{a}_q, \cdots, \boldsymbol{a}_p, \cdots, \boldsymbol{a}_n)| \tag{3.29}$$

(3.29)を証明しよう．行列式の次数 n について数学的帰納法を使う．$n=2$ のとき(3.29)が成立することは上で確かめた．$n=k-1$ のとき(3.29)が成立していると仮定して，$n=k$ のとき(3.29)が成り立つことを示す．

(3.29)の左辺を第 l 列について展開する．ただし，$l \neq p$，$l \neq q$ であるとする．a_{il} $(1 \leqq i \leqq k)$ に対する $k-1$ 次小行列を $\bar{A}_{il}$ とすると余因子は $(-1)^{i+l}|\bar{A}_{il}|$ である．A で第 p 列と第 q 列を入れ替えると $\bar{A}_{il}$ でも対応する列が入れ替わり，帰納法の仮定から $|\bar{A}_{il}|$ の符号が変わる．したがって余因子の符号も変わり，そ

の1次結合で表わされる(列の入れ替わった行列の)行列式の符号も入れ替わる.すなわち,$n=k$ に対し(3.29)が成立する.

演算4 ベクトル $\boldsymbol{a}_1, \boldsymbol{a}_2, \cdots, \boldsymbol{a}_n$ の中に等しいものがあるとき,あるいは一般にこれらが1次従属であるとき,行列式 $|(\boldsymbol{a}_1, \boldsymbol{a}_2, \cdots, \boldsymbol{a}_n)|$ の値は0である.

2次の行列式 $|(\boldsymbol{a}_1, \boldsymbol{a}_2)|$ で $\boldsymbol{a}_2=\boldsymbol{a}_1$ のとき,つまり,$a_{12}=a_{11}$, $a_{22}=a_{21}$ のとき

$$\begin{vmatrix} a_{11} & a_{11} \\ a_{21} & a_{21} \end{vmatrix} = a_{11}a_{21}-a_{11}a_{21} = 0$$

一般の場合,たとえば $\boldsymbol{a}_q=r\boldsymbol{a}_p$ ($p\neq q$, r は定数)ならば

$$|(\boldsymbol{a}_1, \cdots, \boldsymbol{a}_p, \cdots, r\boldsymbol{a}_p, \cdots, \boldsymbol{a}_n)| = 0 \tag{3.30}$$

(3.30)の証明は次のようにできる.(3.30)の左辺で第 p 列と第 q 列を入れ替えると,(3.29),(3.27)を使って

$$\begin{aligned} |(\boldsymbol{a}_1, \cdots, \boldsymbol{a}_p, \cdots, r\boldsymbol{a}_p, \cdots, \boldsymbol{a}_n)| &= -|(\boldsymbol{a}_1, \cdots, r\boldsymbol{a}_p, \cdots, \boldsymbol{a}_p, \cdots, \boldsymbol{a}_n)| \\ &= -r|(\boldsymbol{a}_1, \cdots, \boldsymbol{a}_p, \cdots, \boldsymbol{a}_p, \cdots, \boldsymbol{a}_n)| \\ &= -|(\boldsymbol{a}_1, \cdots, \boldsymbol{a}_p, \cdots, r\boldsymbol{a}_p, \cdots, \boldsymbol{a}_n)| \end{aligned}$$

これから(3.30)が得られる.

(3.30)と(3.28)を組み合わせると,次のことがわかる.

演算5 1つの列に他の列(あるいは1つの行に他の行)の定数倍を加えても行列式の値は変わらない.

式で書くと,$p<q$ として

$$|(\boldsymbol{a}_1, \cdots, \boldsymbol{a}_p+r\boldsymbol{a}_q, \cdots, \boldsymbol{a}_q, \cdots, \boldsymbol{a}_n)| = |(\boldsymbol{a}_1, \cdots, \boldsymbol{a}_n)| \tag{3.31}$$

実際,(3.31)の左辺を(3.28)によって書き直すと

$$|(\boldsymbol{a}_1, \cdots, \boldsymbol{a}_p, \cdots, \boldsymbol{a}_q, \cdots, \boldsymbol{a}_n)|+|(\boldsymbol{a}_1, \cdots, r\boldsymbol{a}_q, \cdots, \boldsymbol{a}_q, \cdots, \boldsymbol{a}_n)|$$

となるが,第2項は(3.30)により0となる.

(3.31)式は行列式の計算をするとき,行列の成分を変えるために利用される.たとえば,(3.30)も使って

$$\begin{vmatrix} 5 & 2 & -2 \\ 3 & 0 & -2 \\ -3 & 3 & 4 \end{vmatrix} = \begin{vmatrix} 5-2 & 2 & -2 \\ 3-0 & 0 & -2 \\ -3-3 & 3 & 4 \end{vmatrix} = \begin{vmatrix} 3 & 2 & -2 \\ 3 & 0 & -2 \\ -6 & 3 & 4 \end{vmatrix} = 0$$

演算 6 Aの転置行列A^{T}はAと同じ行列式をもつ.

2次の行列式では

$$\begin{vmatrix} a_{11} & a_{21} \\ a_{12} & a_{22} \end{vmatrix} = a_{11}a_{22} - a_{21}a_{12} = \begin{vmatrix} a_{11} & a_{12} \\ a_{21} & a_{22} \end{vmatrix}$$

一般に，n次正方行列Aに対し

$$|A^{\mathrm{T}}| = |A| \tag{3.32}$$

(3.32)が成立することを示そう．$|A^{\mathrm{T}}|$を第k列について展開すれば

$$|A^{\mathrm{T}}| = a_{k1}(\tilde{A}^{\mathrm{T}})_{1k} + a_{k2}(\tilde{A}^{\mathrm{T}})_{2k} + \cdots + a_{kn}(\tilde{A}^{\mathrm{T}})_{nk}$$

$(\bar{A}^{\mathrm{T}})_{ik} = \bar{A}_{ki}$であるから，$(\tilde{A}^{\mathrm{T}})_{ik} = (-1)^{i+k}|(\bar{A}^{\mathrm{T}})_{ik}| = (-1)^{i+k}|\bar{A}_{ki}| = \tilde{A}_{ki}$．これを上の展開に代入すると右辺は$|A|$を第$k$行について展開したものになっている．したがって，(3.32)が成立する．

演算 7 (同次数の)正方行列の積の行列式はそれぞれの行列式の積に等しい.

A, Bをn次正方行列とするとき

$$|AB| = |A||B| \tag{3.33}$$

この重要な公式の証明は，73ページで行なう．ここでは$n=2$のとき，直接(3.33)の左辺を計算してみよう．

$$A = \begin{pmatrix} a_{11} & a_{12} \\ a_{21} & a_{22} \end{pmatrix}, \quad B = \begin{pmatrix} b_{11} & b_{12} \\ b_{21} & b_{22} \end{pmatrix}$$

に対して

$$\begin{aligned} |AB| &= \begin{vmatrix} a_{11}b_{11} + a_{12}b_{21} & a_{11}b_{12} + a_{12}b_{22} \\ a_{21}b_{11} + a_{22}b_{21} & a_{21}b_{12} + a_{22}b_{22} \end{vmatrix} \\ &= (a_{11}b_{11} + a_{12}b_{21})(a_{21}b_{12} + a_{22}b_{22}) - (a_{11}b_{12} + a_{12}b_{22})(a_{21}b_{11} + a_{22}b_{21}) \\ &= [a_{11}(a_{21}b_{12} + a_{22}b_{22}) - (a_{11}b_{12} + a_{12}b_{22})a_{21}]b_{11} \\ &\quad + [a_{12}(a_{21}b_{12} + a_{22}b_{22}) - (a_{11}b_{12} + a_{12}b_{22})a_{22}]b_{21} \\ &= (a_{11}a_{22} - a_{12}a_{21})b_{22}b_{11} + (a_{12}a_{21} - a_{11}a_{22})b_{12}b_{21} \\ &= (a_{11}a_{22} - a_{12}a_{21})(b_{11}b_{22} - b_{12}b_{21}) \\ &= |A||B| \end{aligned}$$

例題 3.7　次の値を求めよ．

(1) $\begin{vmatrix} 2 & 4 & 3 \\ 3 & 8 & 2 \\ 2 & 8 & 6 \end{vmatrix}$　　(2) $\begin{vmatrix} 3 & 2 & 3 & 4 \\ 5 & 0 & 3 & 7 \\ 4 & -4 & 0 & 6 \\ 2 & 8 & 5 & 7 \end{vmatrix}$

[解]　(1)　第2列と第3行に対し(3.27)を続けて使うと

$$\begin{vmatrix} 2 & 4 & 3 \\ 3 & 8 & 2 \\ 2 & 8 & 6 \end{vmatrix} = 4\begin{vmatrix} 2 & 1 & 3 \\ 3 & 2 & 2 \\ 2 & 2 & 6 \end{vmatrix} = 8\begin{vmatrix} 2 & 1 & 3 \\ 3 & 2 & 2 \\ 1 & 1 & 3 \end{vmatrix}$$

最後の行列式で，列と行について(3.31)を使うと

$$8\begin{vmatrix} 1 & 1 & 3 \\ 1 & 2 & 2 \\ 0 & 1 & 3 \end{vmatrix} = 8\begin{vmatrix} 1 & 1 & 3 \\ 0 & 1 & -1 \\ 0 & 1 & 3 \end{vmatrix} = 8\begin{vmatrix} 1 & 1 & 3 \\ 0 & 1 & -1 \\ 0 & 0 & 4 \end{vmatrix}$$

例題3.6の(1)の結果を転置した関係式を使えば，最後の行列式の値は $1\times1\times4$ となるので，求める値は32となる．

(2)　第3行×(1/2)を第1行に加えると，第2行と同じになる．(3.31)と(3.30)により行列式の値は0となる．❙

演算 8　正方行列 A が，正方行列 B, C によって

$$A = \left(\begin{array}{c:c} B & D \\ \hdashline O & C \end{array}\right) \quad あるいは \quad A = \left(\begin{array}{c:c} B & O \\ \hdashline D & C \end{array}\right) \tag{3.34}$$

と分割されているとき(O はすべての要素が0の行列)

$$|A| = |B||C| \tag{3.35}$$

が成り立つ．

ラプラス展開(3.26)を用いてこれを示すことができる(たとえば，(3.24)で $a_{31}=a_{41}=a_{32}=a_{42}=0$ とおいてみよ)が，直接の証明を考えよう．

はじめに(3.34)の第1式について考える．A が2次のとき

$$A = \begin{pmatrix} b & d \\ 0 & c \end{pmatrix}, \qquad |A| = bc$$

となり，(3.35)が成立している．A が3次のとき

$$A=\left(\begin{array}{c:cc} b & d_1 & d_2 \\ \hdashline 0 & c_{11} & c_{12} \\ 0 & c_{21} & c_{22} \end{array}\right), \qquad |A|=b\begin{vmatrix} c_{11} & c_{12} \\ c_{21} & c_{22} \end{vmatrix}$$

であることは，$|A|$ の第1列についての展開からわかる．

C を m 次正方行列，d を $1\times m$ 型行列とするとき

$$A=\left(\begin{array}{c:ccc} b & d_1 & \cdots & d_m \\ \hdashline 0 & & & \\ \vdots & & C & \\ 0 & & & \end{array}\right), \qquad |A|=b|C| \tag{3.36}$$

の対応も $|A|$ の第1列についての展開から得られる．(3.34)の第1式で，右辺の表現の左下がゼロ行列であれば，B の次数は任意でよい．

一般の場合は，数学的帰納法を使って(3.35)を示すことができる．B を l 次，C を m 次 $(l+m=n)$ とし，B が $l-1$ 次のとき(3.35)が成立しているとしよう．

$|A|$ を第1列について展開する．$b_{i1}\,(i=1,2,\cdots,l)$ の余因子 $\tilde{A}_{i1}=(-1)^{i+1}|\bar{A}_{i1}|$ を使って

$$|A|=b_{11}\tilde{A}_{11}+b_{21}\tilde{A}_{21}+\cdots+b_{l1}\tilde{A}_{l1} \tag{3.37}$$

小行列 $\bar{A}_{i1}$ は(3.34)で B を $l-1$ 次正方行列 $\bar{B}_{i1}$ で，D を $(l-1)\times m$ 次行列で置き換えたものである．帰納法の仮定により，$|\bar{A}_{i1}|=|\bar{B}_{i1}||C|$．これを $\tilde{A}_{i1}$ に代入し，(3.37)を書き直すと

$$\begin{aligned} |A| &= b_{11}(-1)^{1+1}|\bar{B}_{11}||C|+\cdots+b_{l1}(-1)^{l+1}|\bar{B}_{l1}||C| \\ &= [b_{11}(-1)^{1+1}|\bar{B}_{11}|+\cdots+b_{l1}(-1)^{l+1}|\bar{B}_{l1}|]|C| \\ &= |B||C| \end{aligned}$$

となり，B が l 次のときに(3.35)が成立している．$l=1$ のとき(3.36)が成立しているから，帰納法により任意の l に対し(3.35)が成り立つ．同じように，C の次数 m について帰納法を使うと，m も任意であることがわかる．これで，(3.35)が証明された．

(3.34)の第1式と(3.35)の転置を考えると

$$A=\left(\begin{array}{c:c} B & O \\ \hdashline D & C \end{array}\right) \tag{3.38}$$

のときも(3.35)が成立することがわかる．

$|\boldsymbol{AB}|=|\boldsymbol{A}||\boldsymbol{B}|$ の証明　ここで，(3.33)を証明しよう．そのために，n 次正方行列 A, B について次の式を証明する．

$$\begin{vmatrix} B & -E_n \\ O & A \end{vmatrix} = \begin{vmatrix} E_n & O \\ A & AB \end{vmatrix} \tag{3.39}$$

(3.39)の左辺

$$\begin{vmatrix} b_{11} & \cdots & b_{1n} & -1 & 0 & \cdots & 0 \\ b_{21} & \cdots & b_{2n} & 0 & -1 & \ddots & \vdots \\ \cdots & \cdots & \cdots & \vdots & \ddots & \ddots & 0 \\ b_{n1} & \cdots & b_{nn} & 0 & \cdots & 0 & -1 \\ & & & a_{11} & & \cdots & a_{1n} \\ & 0 & & a_{21} & & \cdots & a_{2n} \\ & & & \cdots & \cdots & \cdots & \cdots \\ & & & a_{n1} & & \cdots & a_{nn} \end{vmatrix}$$

で，第 $n+1$ 列に b_{11}，第 $n+2$ 列に $b_{21}, \cdots$ をかけて第1列に加えると，第1列の上半分の成分が0，下半分の成分が $a_{11}b_{11}+\cdots+a_{1n}b_{n1}$，$a_{21}b_{11}+\cdots+a_{2n}b_{n1}$，$\cdots$，$a_{n1}b_{11}+\cdots+a_{nn}b_{n1}$ すなわち AB という行列の $(i,1)$ 成分 $(i=1,2,\cdots,n)$ となる．さらに，第 $n+1$ 列に b_{12}，第 $n+2$ 列に $b_{22}, \cdots$ をかけて第2列に加える，$\cdots$ 等の操作を続けると

$$\begin{vmatrix} B & -E_n \\ O & A \end{vmatrix} = \begin{vmatrix} O & -E_n \\ AB & A \end{vmatrix} \tag{3.40}$$

が得られる．たとえば，$n=2$ のとき

$$\begin{vmatrix} 2 & 1 & -1 & 0 \\ -1 & -2 & 0 & -1 \\ & & 1 & 2 \\ \multicolumn{2}{c}{0} & 0 & 3 \end{vmatrix} = \begin{vmatrix} 2+2\cdot(-1)+(-1)\cdot 0 & 1 & -1 & 0 \\ -1+2\cdot 0+(-1)\cdot(-1) & -2 & 0 & -1 \\ 0+2\cdot 1+(-1)\cdot 2 & 0 & 1 & 2 \\ 0+2\cdot 0+(-1)\cdot 3 & 0 & 0 & 3 \end{vmatrix}$$

$$= \begin{vmatrix} 0 & 1 & -1 & 0 \\ 0 & -2 & 0 & -1 \\ 0 & 0 & 1 & 2 \\ -3 & 0 & 0 & 3 \end{vmatrix} = \begin{vmatrix} 0 & 1+1\cdot(-1)+(-2)\cdot 0 & -1 & 0 \\ 0 & -2+1\cdot 0+(-2)\cdot(-1) & 0 & -1 \\ 0 & 0+1\cdot 1+(-2)\cdot 2 & 1 & 2 \\ -3 & 0+1\cdot 0+(-2)\cdot 3 & 0 & 3 \end{vmatrix}$$

$$
=\left|\begin{array}{cc:cc} 0 & 0 & -1 & 0 \\ 0 & 0 & 0 & -1 \\ \hdashline 0 & -3 & 1 & 2 \\ -3 & -6 & 0 & 3 \end{array}\right|
$$

(3.40)で右辺の行列の第1列と第$n+1$列，第2列と第$n+2$列，⋯等のn回の入れ替えを行なうと

$$
\left|\begin{array}{c:c} O & -E_n \\ \hdashline AB & A \end{array}\right| = (-1)^n \left|\begin{array}{c:c} -E_n & O \\ \hdashline A & AB \end{array}\right| = \left|\begin{array}{c:c} E_n & O \\ \hdashline A & AB \end{array}\right| \tag{3.41}
$$

となり，これと(3.40)から，(3.39)が成立する.

(3.34)の第1式と(3.35)により，(3.39)の左辺は$|A||B|$に等しく，また，(3.34)の第2式と(3.35)により，(3.39)の右辺は$|AB|$に等しい．これで，(3.33)が証明された.

例題 3.8 Aをn次の正方行列とし，rを定数とすれば

$$
|rA| = r^n|A| \tag{3.42}
$$

であることを示せ.

[解] (2.3)式の行列式をとれば明らか. ▎

問 題 3-3

1. 次の値を求めよ.

(1) $\begin{vmatrix} 2 & 0 & 5 & 4 & 0 \\ 1 & 1 & 3 & 7 & 2 \\ 0 & 0 & 1 & 2 & 0 \\ 0 & 0 & -1 & 3 & 3 \\ 0 & 0 & 5 & 4 & 1 \end{vmatrix}$ (2) $\begin{vmatrix} 1 & 0 & 4 & 2 \\ 0 & 1 & 3 & 4 \\ 2 & 5 & 2 & -6 \\ 5 & 3 & 1 & 2 \end{vmatrix}$

2. A, Bをそれぞれ3×2，2×3型行列とするとき，$|AB|=0$を証明せよ．[ヒント：3×3型行列$A'=(A \,\vdots\, O)$，$B'=(B^{\mathrm{T}} \,\vdots\, O)^{\mathrm{T}}$を作ると，$A'B'=AB$が成立することを利用する.]

3-4　行列式の幾何学的応用

すでに述べたように，2 次の行列式 $|(\boldsymbol{a}_1, \boldsymbol{a}_2)|$ はベクトル $\boldsymbol{a}_1, \boldsymbol{a}_2$ を 2 辺とする平行 4 辺形の面積を表わし(56 ページ)，また，3 次の行列式 $|(\boldsymbol{a}_1, \boldsymbol{a}_2, \boldsymbol{a}_3)|$ はベクトル $\boldsymbol{a}_1, \boldsymbol{a}_2, \boldsymbol{a}_3$ を 3 辺とする平行 6 面体の体積を表わす(59 ページ)．このほかにも，行列式はいろいろな幾何学的な意味をもっている．そのいくつかの例について述べよう．

原点を通る直線　xy 平面で，原点 $\mathrm{O}=(0,0)$ と点 $\mathrm{P}_1=(x_1, y_1)$ を通る直線を行列式で表わそう．直線上の任意の点を $\mathrm{P}=(x, y)$ とすると，$\overrightarrow{\mathrm{OP}}$ は $\overrightarrow{\mathrm{OP}_1}$ のスカラー倍であるから，r を定数として

$$x = rx_1, \qquad y = ry_1$$

r を消去すれば，求める**直線の方程式**

$$\frac{x}{x_1} - \frac{y}{y_1} = 0$$

を得る．これは行列式を用いて

$$\begin{vmatrix} x & x_1 \\ y & y_1 \end{vmatrix} = 0 \tag{3.43}$$

と書ける(図 3-3)．

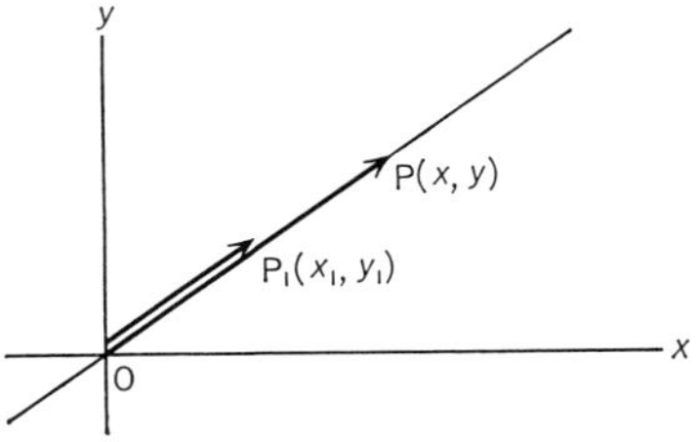

図 3-3　原点を通る直線

この式の左辺の行列式は，(3.8)式によって，2 つのベクトル $\overrightarrow{\mathrm{OP}}=(x, y)$ と $\overrightarrow{\mathrm{OP}_1}=(x_1, y_1)$ とを 2 辺とする平行 4 辺形の面積を表わすから，これが 0 であることは $\overrightarrow{\mathrm{OP}}$ と $\overrightarrow{\mathrm{OP}_1}$ が同一直線上にあることを意味する．

原点と 2 点を通る平面　空間において与えられた 2 点を $\mathrm{P}_1=(x_1, y_1, z_1)$, $\mathrm{P}_2=(x_2, y_2, z_2)$ とし，原点と $\mathrm{P}_1, \mathrm{P}_2$ を通る平面を求めよう．求める平面上の点を $\mathrm{P}=(x, y, z)$ とする．P は原点と $\mathrm{P}_1, \mathrm{P}_2$ を含む面上にあるから，$\overrightarrow{\mathrm{OP}}$ は $\overrightarrow{\mathrm{OP}_1}$ と $\overrightarrow{\mathrm{OP}_2}$ の 1 次結合で表わされる(1 次従属)．したがって，r, s, t を定数として

$$r\overrightarrow{\mathrm{OP}}+s\overrightarrow{\mathrm{OP}_1}+t\overrightarrow{\mathrm{OP}_2} = 0$$

が成り立ち，書き直すと

$$\begin{cases} xr+x_1s+x_2t = 0 \\ yr+y_1s+y_2t = 0 \\ zr+z_1s+z_2t = 0 \end{cases}$$

と書ける．(3.9)式に対して使った方法で，上の式から r, s, t を消去すると

$$\begin{vmatrix} x & x_1 & x_2 \\ y & y_1 & y_2 \\ z & z_1 & z_2 \end{vmatrix} = 0 \tag{3.44}$$

これが求める**平面の方程式**である．この左辺の行列式は，59 ページで示したように，3 つのベクトル $\overrightarrow{\mathrm{OP}}=(x, y, z)$, $\overrightarrow{\mathrm{OP}_1}=(x_1, y_1, z_1)$, $\overrightarrow{\mathrm{OP}_2}=(x_2, y_2, z_2)$ を相隣る 3 辺とする平行 6 面体の体積であるから，上式はこの体積が 0 であること，すなわち $\overrightarrow{\mathrm{OP}}, \overrightarrow{\mathrm{OP}_1}, \overrightarrow{\mathrm{OP}_2}$ が 1 つの平面上にあることを意味する．

3 角形の面積　平面上で，原点と与えられた 2 点 $\mathrm{P}_1=(x_1, y_1)$, $\mathrm{P}_2=(x_2, y_2)$ の 3 点で作られる 3 角形の面積を S とする．これを求めるには，原点のまわりで座標系を回転して，新しい x' 軸を $\overrightarrow{\mathrm{OP}}$ に一致させ，これに垂直に y' 軸をとるとよい(図 3-4)．このとき $\overrightarrow{\mathrm{OP}_1}=(x_1', 0)$ であり，$\overrightarrow{\mathrm{OP}_2}=(x_2', y_2')$ とすれば，求める面積は $x_1'y_2'$ の半分の絶対値

$$S = \frac{1}{2}x_1'y_2' \text{ の絶対値}$$

である．この座標変換を

$$\begin{pmatrix} x' \\ y' \end{pmatrix} = U\begin{pmatrix} x \\ y \end{pmatrix}, \qquad U = \begin{pmatrix} \cos\theta & \sin\theta \\ -\sin\theta & \cos\theta \end{pmatrix} \tag{3.45}$$

とすると((1.14)式参照)，$y_1'=0$ としたので

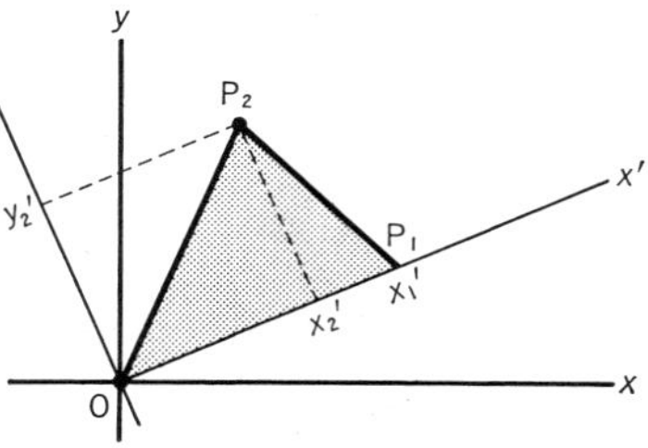

図 3-4　3 角形の面積

$$\begin{pmatrix} x_1' & x_2' \\ 0 & y_2' \end{pmatrix} = U\begin{pmatrix} x_1 & x_2 \\ y_1 & y_2 \end{pmatrix} \tag{3.46}$$

が成り立つ．この両辺の行列式を作れば $|U|=1$ により

$$x_1'y_2' = |U|\begin{vmatrix} x_1 & x_2 \\ y_1 & y_2 \end{vmatrix} = \begin{vmatrix} x_1 & x_2 \\ y_1 & y_2 \end{vmatrix} \tag{3.47}$$

よって

$$S = \frac{1}{2}\begin{vmatrix} x_1 & x_2 \\ y_1 & y_2 \end{vmatrix} \text{ の絶対値} \tag{3.48}$$

例題 3.9　平面上の 3 点 (x_1, y_1), (x_2, y_2), (x_3, y_3) を頂点とする 3 角形の面積を S とすれば

$$S = \frac{1}{2}\begin{vmatrix} 1 & 1 & 1 \\ x_1 & x_2 & x_3 \\ y_1 & y_2 & y_3 \end{vmatrix} \text{ の絶対値} \tag{3.49}$$

であることを示せ．

［解］　座標系を平行移動して，原点を (x_1, y_1) に移すと，新しい原点に対して，他の 2 点の座標は (x_2-x_1, y_2-y_1), (x_3-x_1, y_3-y_1) となる．これに(3.48)を適用すればよい．

$$\begin{vmatrix} x_2-x_1 & x_3-x_1 \\ y_2-y_1 & y_3-y_1 \end{vmatrix} = \begin{vmatrix} 1 & 0 & 0 \\ x_1 & x_2-x_1 & x_3-x_1 \\ y_1 & y_2-y_1 & y_3-y_1 \end{vmatrix} = \begin{vmatrix} 1 & 1 & 1 \\ x_1 & x_2 & x_3 \\ y_1 & y_2 & y_3 \end{vmatrix}$$

したがって(3.49)が成り立つ． ▎

4 面体の体積　空間において，原点と 3 点 $\mathrm{P}_1=(x_1, y_1, z_1)$, $\mathrm{P}_2=(x_2, y_2, z_2)$,

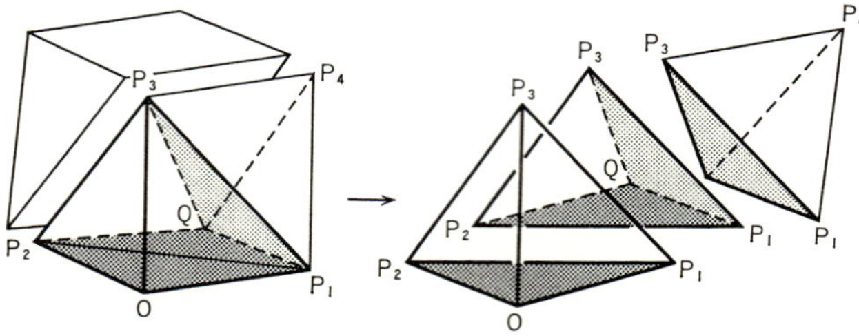

図 3-5 4 面体の体積

$P_3=(x_3, y_3, z_3)$ の 4 点を頂点とする 4 面体の体積を V とする．これは，図 3-5 (OP_1QP_2 と $P_2QP_4P_3$ はそれぞれ平行 4 辺形)からわかるように，$\overrightarrow{OP_1}, \overrightarrow{OP_2}, \overrightarrow{OP_3}$ を相隣る 3 辺とする平行 6 面体(図 3-5 左)の体積の 1/6 である．

$\overrightarrow{OP_1}$ を新しい x' 軸に選び，O, P_1, P_2 を含む平面内で O を通り x' 軸に垂直な y' 軸をとり，これらに垂直な z' 軸をとる．この新しい座標系で $P_1=(x_1', 0, 0)$, $P_2=(x_2', y_2', 0)$，$P_3=(x_3', y_3', z_3')$ とすると，図 3-5 左の平行 6 面体の体積は $x_1'y_2'z_3'$ の絶対値で与えられる．そこでこの座標系の変換を

$$\begin{pmatrix} x' \\ y' \\ z' \end{pmatrix} = U \begin{pmatrix} x \\ y \\ z \end{pmatrix} \tag{3.50}$$

とし，3 点の変換をまとめると

$$\begin{pmatrix} x_1' & x_2' & x_3' \\ 0 & y_2' & y_3' \\ 0 & 0 & z_3' \end{pmatrix} = U \begin{pmatrix} x_1 & x_2 & x_3 \\ y_1 & y_2 & y_3 \\ z_1 & z_2 & z_3 \end{pmatrix} \tag{3.51}$$

を得る．この式の両辺の行列式を作ると，左辺は $x_1'y_2'z_3'$ を与え，右辺では後に述べるように $|U|=1$ が示される(証明は 127 ページ)ので，次式が得られる．

$$V = \frac{1}{6} x_1'y_2'z_3' \text{ の絶対値} = \frac{1}{6} \begin{vmatrix} x_1 & x_2 & x_3 \\ y_1 & y_2 & y_3 \\ z_1 & z_2 & z_3 \end{vmatrix} \text{ の絶対値} \tag{3.52}$$

例題 3.10 空間の 4 点 (x_1, y_1, z_1), (x_2, y_2, z_2), (x_3, y_3, z_3), (x_4, y_4, z_4) を頂点とする 4 面体の体積 V は

$$V=\frac{1}{6}\begin{vmatrix}1 & 1 & 1 & 1\\ x_1 & x_2 & x_3 & x_4\\ y_1 & y_2 & y_3 & y_4\\ z_1 & z_2 & z_3 & z_4\end{vmatrix} \tag{3.53}$$

で与えられることを示せ.

[解] 座標系を平行移動して，(x_1, y_1, z_1)を新しい原点として，(3.52)を適用すればよい．ここで

$$\begin{vmatrix}x_2-x_1 & x_3-x_1 & x_4-x_1\\ y_2-y_1 & y_3-y_1 & y_4-y_1\\ z_2-z_1 & z_3-z_1 & z_4-z_1\end{vmatrix}=\begin{vmatrix}1 & 0 & 0 & 0\\ x_1 & x_2-x_1 & x_3-x_1 & x_4-x_1\\ y_1 & y_2-y_1 & y_3-y_1 & y_4-y_1\\ z_1 & z_2-z_1 & z_3-z_1 & z_4-z_1\end{vmatrix}$$

$$=\begin{vmatrix}1 & 1 & 1 & 1\\ x_1 & x_2 & x_3 & x_4\\ y_1 & y_2 & y_3 & y_4\\ z_1 & z_2 & z_3 & z_4\end{vmatrix} \qquad \blacksquare$$

問　題 3-4

1. 平面上で原点と 2 点 (1, 0), (0, 1) の 3 点を頂点とする 3 角形の面積を求めよ.
2. 平面上で 3 点 (1, 0), (3, 0), (2, 1) を頂点とする 3 角形の面積を求めよ.

第 3 章演習問題

[1] 次の値を求めよ.

(1) $\begin{vmatrix}6 & 2 & 8\\ 1 & 1 & 4\\ 3 & 1 & 4\end{vmatrix}$　　(2) $\begin{vmatrix}2 & 1 & 2 & 5\\ 3 & 1 & 4 & 1\\ 0 & 0 & 4 & 2\\ 0 & 0 & 3 & 1\end{vmatrix}$

[2] 次の等式を証明せよ.

(1) $\begin{vmatrix} 1 & 1 & 1 \\ a & b & c \\ a^2 & b^2 & c^2 \end{vmatrix} = (a-b)(b-c)(c-a)$

(バンデルモンド(Vandermonde)の行列式)

(2) $\begin{vmatrix} a & b & c \\ c & a & b \\ b & c & a \end{vmatrix} = (a+b+c)(a^2+b^2+c^2-ab-bc-ca)$ (巡回行列式)

[3] A, B を n 次正方行列とするとき，次の式を示せ．

(1) $\begin{vmatrix} A & B \\ B & A \end{vmatrix} = \begin{vmatrix} A+B & 0 \\ B & A-B \end{vmatrix}$

［ヒント：$\begin{pmatrix} A+B & 0 \\ B & A-B \end{pmatrix} = \begin{pmatrix} E_n & E_n \\ 0 & E_n \end{pmatrix} \begin{pmatrix} A & B-A \\ B & A-B \end{pmatrix}$ に注意．］

(2) $\begin{vmatrix} A & B \\ B & A \end{vmatrix} = |A+B|\,|A-B|$

[4] $n\times l$ 型行列 A を行ベクトル $\boldsymbol{a}_i$ で $A=(\boldsymbol{a}_1, \boldsymbol{a}_2, \cdots, \boldsymbol{a}_n)^{\mathrm{T}}$ と表わし，$l\times n$ 型行列 B を列ベクトル $\boldsymbol{b}_i$ を用いて $B=(\boldsymbol{b}_1, \boldsymbol{b}_2, \cdots, \boldsymbol{b}_n)$ と表わすとき

$$|AB| = \begin{vmatrix} \boldsymbol{a}_1\cdot\boldsymbol{b}_1 & \boldsymbol{a}_1\cdot\boldsymbol{b}_2 & \cdots & \boldsymbol{a}_1\cdot\boldsymbol{b}_n \\ \boldsymbol{a}_2\cdot\boldsymbol{b}_1 & \boldsymbol{a}_2\cdot\boldsymbol{b}_2 & \cdots & \boldsymbol{a}_2\cdot\boldsymbol{b}_n \\ \cdots & \cdots & \cdots & \cdots \\ \boldsymbol{a}_n\cdot\boldsymbol{b}_1 & \boldsymbol{a}_n\cdot\boldsymbol{b}_2 & \cdots & \boldsymbol{a}_n\cdot\boldsymbol{b}_n \end{vmatrix}$$

を証明せよ．

[5] n 個の l 次元のベクトル $\boldsymbol{a}_1, \boldsymbol{a}_2, \cdots, \boldsymbol{a}_n$ は $l<n$ のとき 1 次従属となる．したがって，$l<n$ のとき，ある定数 $c_1, c_2, \cdots, c_{n-1}$ に対し $\boldsymbol{a}_n=c_1\boldsymbol{a}_1+c_2\boldsymbol{a}_2+\cdots+c_{n-1}\boldsymbol{a}_{n-1}$ と書ける．このことと上の [4] を使って，$l<n$ のとき，$n\times l$ 型行列 A と $l\times n$ 型行列 B に対して

$$|AB| = 0$$

を示せ．

[6] x_1, x_2 についての連立 1 次方程式

$$\begin{cases} a_{11}x_1+a_{12}x_2+c_1 = 0 \\ a_{21}x_1+a_{22}x_2+c_2 = 0 \\ a_{31}x_1+a_{32}x_2+c_3 = 0 \end{cases}$$

が解をもつための必要条件は，$\boldsymbol{a}_1=(a_{11}, a_{21}, a_{31})^{\mathrm{T}}$，$\boldsymbol{a}_2=(a_{12}, a_{22}, a_{32})^{\mathrm{T}}$，$\boldsymbol{c}=(c_1, c_2, c_3)^{\mathrm{T}}$ と書くと

$$|(\boldsymbol{a}_1, \boldsymbol{a}_2, \boldsymbol{c})| = \begin{vmatrix} a_{11} & a_{12} & c_1 \\ a_{21} & a_{22} & c_2 \\ a_{31} & a_{32} & c_3 \end{vmatrix} = 0$$

であることを示せ．［ヒント：解があれば $\boldsymbol{c}=-x_1\boldsymbol{a}_1-x_2\boldsymbol{a}_2$］

［7］ x_1x_2 平面上の 3 直線

$$\begin{cases} a_{11}x_1+a_{12}x_2+c_1=0 \\ a_{21}x_1+a_{22}x_2+c_2=0 \\ a_{31}x_1+a_{32}x_2+c_3=0 \end{cases}$$

がすべて平行であるか，1 点で交わるための必要条件は

$$\varDelta=\begin{vmatrix} a_{11} & a_{12} & c_1 \\ a_{21} & a_{22} & c_2 \\ a_{31} & a_{32} & c_3 \end{vmatrix}=0$$

であることを証明せよ．

［8］ 次の行列式を計算せよ．

(1) $\begin{vmatrix} 0 & a \\ -a & 0 \end{vmatrix}$　　(2) $\begin{vmatrix} 0 & a & b \\ -a & 0 & c \\ -b & -c & 0 \end{vmatrix}$　　(3) $\begin{vmatrix} 0 & a_{12} & a_{13} & a_{14} \\ -a_{12} & 0 & a_{23} & a_{24} \\ -a_{13} & -a_{23} & 0 & a_{34} \\ -a_{14} & -a_{24} & -a_{34} & 0 \end{vmatrix}$

［9］ A を $n\times n$ 型行列とするとき

$$\left|\begin{array}{ccc:c} & & & x_1 \\ & A & & x_2 \\ & & & \vdots \\ & & & x_n \\ \hdashline y_1 & y_2 & \cdots\ y_n & z \end{array}\right| = |A|z-\sum_{i,k=1}^{n}\tilde{A}_{ik}x_iy_k \qquad \text{（縁（ふち）どった行列式）}$$

$$=|A|z-\begin{vmatrix} x_1y_1 & a_{12} & \cdots \\ x_2y_1 & a_{22} & \cdots \\ \multicolumn{3}{c}{\cdots\cdots\cdots\cdots} \\ x_ny_1 & a_{n2} & \cdots \end{vmatrix}-\begin{vmatrix} a_{11} & x_1y_2 & \cdots \\ a_{21} & x_2y_2 & \cdots \\ \multicolumn{3}{c}{\cdots\cdots\cdots\cdots} \\ a_{n1} & x_ny_2 & \cdots \end{vmatrix}-\cdots$$

が成り立つ．$n=2$ のときこの式を確かめよ．

［10］ $|A|$ を A のすべての成分の関数とみるとき，a_{ij} の余因子 $\tilde{A}_{ij}$ は

$$\tilde{A}_{ij}=\frac{\partial}{\partial a_{ij}}|A|$$

と書けることを示せ．

［11］ 次の行列式を計算せよ．

(1) $\begin{vmatrix} 0 & a & b \\ a & 0 & c \\ b & c & 0 \end{vmatrix}$　　(2) $\begin{vmatrix} a^2+b^2 & bc & ca \\ bc & c^2+a^2 & ab \\ ca & ab & b^2+c^2 \end{vmatrix}$

［12］ 次の式を証明せよ．

(1) $$\begin{vmatrix} \dfrac{1}{a_1-b_1} & \dfrac{1}{a_1-b_2} \\ \dfrac{1}{a_2-b_1} & \dfrac{1}{a_2-b_2} \end{vmatrix} = \frac{-(a_1-a_2)(b_1-b_2)}{(a_1-b_1)(a_1-b_2)(a_2-b_1)(a_2-b_2)}$$

(2) $$\begin{vmatrix} \dfrac{1}{a_1-b_1} & \dfrac{1}{a_1-b_2} & \dfrac{1}{a_1-b_3} \\ \dfrac{1}{a_2-b_1} & \dfrac{1}{a_2-b_2} & \dfrac{1}{a_2-b_3} \\ \dfrac{1}{a_3-b_1} & \dfrac{1}{a_3-b_2} & \dfrac{1}{a_3-b_3} \end{vmatrix} = \frac{-\prod_{i<k}(a_i-a_k)(b_i-b_k)}{\prod_{i,j}(a_i-b_j)}$$

ただし，ここで $\prod_{i<k}$ は $i<k$ であるようなすべての i と k の組に対する積を表わし，$\prod_{i,j}$ は i と j のすべての組に対する積を表わす．

Coffee Break

奇順列と偶順例

真四角な平たい箱の中に [1] から [15] までの小さなコマが図のように入っている．16 個入り得るところに 15 個だけ入っているので，1 つだけすき間がある．このすき間を通してコマを動かすことができる．図(a)では，[5] のコマの下にすき間があり，[5] を下のすき間へ入れれば，[1][2][3][4][5][6]… と，コマは順序よく並ぶ(右端へ行ったら下の段を左へ進み，左端へ行ったらその下の段を右へ進むと約束する)．しかし，図(b)のようになっていれば，[3][5][4] のあたりでコマをどのように動かしても順序よく並べることはできない．

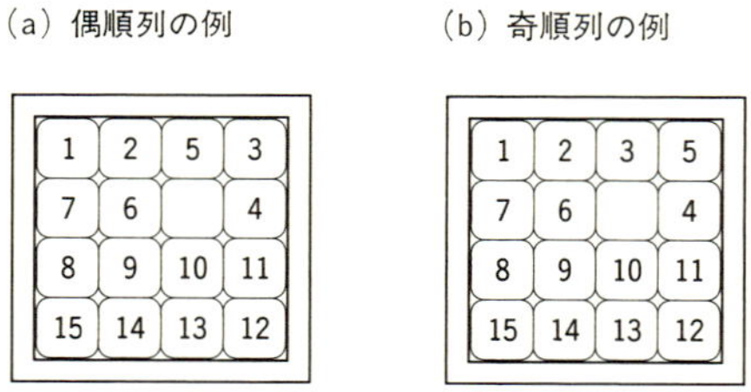

スライドパズル

このパズルでは，はじめに 15 個のコマを勝手に入れる．そしてコマを 1 つずつ動かして，最後に [1][2][3]… の順に順序よく並ぶようにせよ，というのである．図(a)のようになれば成功するのが，図(b)のようになってしまったら，成功しない．成功するかしないかは，はじめに勝手に入れたコマの順序で決まるのである．

コマ全部を箱の外に出し，①②③④⑤⑥… と1列に順序よく並べた状態を基準にして，④⑤ を入れかえると ①②③⑤④⑥ となり，さらに ③⑤ を入れかえると図(a)の並び方になる．2回の入れかえで，図(a)になったわけである．基準の並び方から図(a)の並び方にする方法はほかにもあるが(たとえば，はじめに ③⑤ を入れかえ，①②⑤④③⑥ とし，次に ④③ を入れかえれば図(a)になる)，どのような並べかえをしても図(a)にするには**偶数回**の入れかえが必要である．そこで図(a)の並び方は**偶順列**であるという．これに対し，基準の並び方から出発して図(b)の並び方にするには，必ず**奇数回**の入れかえが必要であり，このような場合は**奇順列**であるという．自然数の並び方は**偶順列**と**奇順列**とにわけられるのである．このパズルのコマの入れかえでは，**偶順列**を**奇順列**にすることも，**奇順列**を**偶順列**にすることもできない．

4

逆行列

方程式 $ax=c$ を x について解けば，$x=a^{-1}c$ を得る．ここで a^{-1} は a の逆数である．すでに何度も見たように，連立1次方程式は，係数行列 $A=(a_{ij})$，ベクトル $\boldsymbol{x}=(x_1, x_2, \cdots, x_n)^{\mathrm{T}}$ および定数ベクトル $\boldsymbol{c}=(c_1, c_2, \cdots, c_n)^{\mathrm{T}}$ を用いて，$A\boldsymbol{x}=\boldsymbol{c}$ と表わされる．もしも行列 A の逆数にあたるものがあるとすると，連立方程式の解は $\boldsymbol{x}=A^{-1}\boldsymbol{c}$ の形で与えられるだろう．このような行列 A の逆数 A^{-1} を逆行列という．この章では，逆行列と，これを用いた連立方程式の解(クラメルの公式)について述べよう．

4-1 逆 行 列

列ベクトル $\boldsymbol{a}_1, \boldsymbol{a}_2, \cdots, \boldsymbol{a}_j, \cdots, \boldsymbol{a}_k, \cdots, \boldsymbol{a}_n$ からなる行列の行列式を第 j 列で展開すると，(3.23)式により

$$|A| = |(\boldsymbol{a}_1, \boldsymbol{a}_2, \cdots, \boldsymbol{a}_j, \cdots, \boldsymbol{a}_k, \cdots, \boldsymbol{a}_n)|$$
$$= a_{1j}\tilde{A}_{1j}+a_{2j}\tilde{A}_{2j}+\cdots+a_{nj}\tilde{A}_{nj} \qquad (4.1)$$

となり，ここで余因子 $\tilde{A}_{1j}, \tilde{A}_{2j}, \cdots, \tilde{A}_{nj}$ は $\boldsymbol{a}_j$ の成分を含まない．たとえば，$n=3$ のとき $j=1$ 列で展開すると

$$|(\boldsymbol{a}_1, \boldsymbol{a}_2, \boldsymbol{a}_3)| = a_{11}\tilde{A}_{11}+a_{21}\tilde{A}_{21}+a_{31}\tilde{A}_{31}$$

となるが，余因子 $\tilde{A}_{11}, \tilde{A}_{21}, \tilde{A}_{31}$ は $\boldsymbol{a}_2, \boldsymbol{a}_3$ の成分だけで構成され，$\boldsymbol{a}_1$ の成分を含まない．

そこで，第 j 列の $\boldsymbol{a}_j$ を他のベクトルでおきかえても，(4.1)式の余因子 $\tilde{A}_{1j}, \tilde{A}_{2j}, \cdots, \tilde{A}_{nj}$ は変わらない．とくに $\boldsymbol{a}_j$ を $\boldsymbol{a}_k$ と同じにすると，その行列式は演算4(69ページ)によって0になるから

$$|(\boldsymbol{a}_1, \boldsymbol{a}_2, \cdots, \boldsymbol{a}_k, \cdots, \boldsymbol{a}_k, \cdots, \boldsymbol{a}_n)| = 0$$

となり，これを第 j 列で展開した式は

$$a_{1k}\tilde{A}_{1j}+a_{2k}\tilde{A}_{2j}+\cdots+a_{nk}\tilde{A}_{nj} = 0 \qquad (4.2)$$

となる．

クロネッカーのデルタ記号(40ページ)を用いると，(4.1)と(4.2)式はまとめて

$$a_{1i}\tilde{A}_{1j}+a_{2i}\tilde{A}_{2j}+\cdots+a_{ni}\tilde{A}_{nj} = |A|\delta_{ij} \qquad (i,j=1,2,\cdots,n) \qquad (4.3)$$

と書ける．また，これと同じことは行についての展開についても成り立ち，

$$a_{i1}\tilde{A}_{j1}+a_{i2}\tilde{A}_{j2}+\cdots+a_{in}\tilde{A}_{jn} = |A|\delta_{ij} \qquad (i,j=1,2,\cdots,n) \qquad (4.4)$$

が得られる．

ここで，余因子 $\tilde{A}_{ij}$ を (i,j) 成分とする行列を $\tilde{A}$，その転置行列を $\tilde{A}^{\mathrm{T}}$ と書くと

$$\tilde{A} = \begin{pmatrix} \tilde{A}_{11} & \tilde{A}_{12} & \cdots & \tilde{A}_{1n} \\ \tilde{A}_{21} & \tilde{A}_{22} & \cdots & \tilde{A}_{2n} \\ \multicolumn{4}{c}{\cdots\cdots\cdots\cdots\cdots\cdots} \\ \tilde{A}_{n1} & \tilde{A}_{n2} & \cdots & \tilde{A}_{nn} \end{pmatrix}, \qquad \tilde{A}^{\mathrm{T}} = \begin{pmatrix} \tilde{A}_{11} & \tilde{A}_{21} & \cdots & \tilde{A}_{n1} \\ \tilde{A}_{12} & \tilde{A}_{22} & \cdots & \tilde{A}_{n2} \\ \multicolumn{4}{c}{\cdots\cdots\cdots\cdots\cdots\cdots} \\ \tilde{A}_{1n} & \tilde{A}_{2n} & \cdots & \tilde{A}_{nn} \end{pmatrix} \qquad (4.5)$$

これらを用いると，$\tilde{A}^{\mathrm{T}}A$ の (j,i) 成分は

$$\begin{aligned}(\tilde{A}^{\mathrm{T}}A)_{ji} &= (\tilde{A}^{\mathrm{T}})_{j1}a_{1i}+(\tilde{A}^{\mathrm{T}})_{j2}a_{2i}+\cdots+(\tilde{A}^{\mathrm{T}})_{jn}a_{ni} \\ &= a_{1i}\tilde{A}_{1j}+a_{2i}\tilde{A}_{2j}+\cdots+a_{ni}\tilde{A}_{nj}\end{aligned}$$

また，$A\tilde{A}^{\mathrm{T}}$ の (i,j) 成分は，同様にして

$$(A\tilde{A}^{\mathrm{T}})_{ij} = a_{i1}\tilde{A}_{j1}+a_{i2}\tilde{A}_{j2}+\cdots+a_{in}\tilde{A}_{jn}$$

となる．したがって(4.3), (4.4)から

$$\tilde{A}^{\mathrm{T}}A = A\tilde{A}^{\mathrm{T}} = |A|E \qquad (4.6)$$

を得る．

逆行列　与えられた正方行列 A に対して

$$AX = E \qquad (4.7)$$

を満足する行列 X が存在するとき，X を A の**逆行列**という．

A の逆行列 X が存在するならば，(4.7)式の両辺の行列式をとるとき

$$|A||X| = 1$$

したがって $|A|\neq 0$ でなければならない．ここで(4.7)に左から $\tilde{A}^{\mathrm{T}}$ を掛けると

$$\tilde{A}^{\mathrm{T}}AX = \tilde{A}^{\mathrm{T}}E = \tilde{A}^{\mathrm{T}}$$

となるが，(4.6)によって左辺を書き直せば

$$|A|X = \tilde{A}^{\mathrm{T}}$$

を得るので，A の逆行列があるとすれば，これは

$$X = \frac{1}{|A|}\tilde{A}^{\mathrm{T}}$$

で与えられることがわかる．

他方で，$|A|\neq 0$ とすると，$X=\tilde{A}^{\mathrm{T}}/|A|$ と置くとき，$AX=E$ が満たされると同時に，

$$XA = \frac{1}{|A|}\tilde{A}^{\mathrm{T}}A = E$$

すなわち $XA=E$ も満たされる．これにより，次の重要な結論が得られる．

A の逆行列が存在するための必要十分条件は

$$|A| \neq 0 \tag{4.8}$$

である．このとき逆行列 A^{-1} はただ1つ存在し，

$$A^{-1} = \frac{1}{|A|}\tilde{A}^{\mathrm{T}} \tag{4.9}$$

であって

$$AA^{-1} = A^{-1}A = E \tag{4.10}$$

が成り立つ．

$|A| \neq 0$ である行列，すなわち逆行列が存在する行列を**正則行列**という．

(4.10)の行列式を作ると

$$|AA^{-1}| = |A||A^{-1}| = 1$$

したがって

$$|A^{-1}| = \frac{1}{|A|} \tag{4.11}$$

また，(4.9)により $\tilde{A}^{\mathrm{T}}=|A|A^{-1}$．ここで A を n 次の行列として両辺の行列式をとれば，(3.32)，例題 3.8(74 ページ)により

$$|\tilde{A}| = |\tilde{A}^{\mathrm{T}}| = |A|^n|A^{-1}| = |A|^{n-1} \tag{4.12}$$

を得る．

[例 1]　2×2 型行列の場合は

$$A = \begin{pmatrix} a_{11} & a_{12} \\ a_{21} & a_{22} \end{pmatrix}, \qquad \tilde{A} = \begin{pmatrix} a_{22} & -a_{21} \\ -a_{12} & a_{11} \end{pmatrix}$$

$$A^{-1} = \frac{\tilde{A}^{\mathrm{T}}}{|A|} = \frac{1}{|A|}\begin{pmatrix} a_{22} & -a_{12} \\ -a_{21} & a_{11} \end{pmatrix}, \qquad |A| = a_{11}a_{22}-a_{12}a_{21} \tag{4.13}$$

実際

$$A^{-1}A = \frac{1}{|A|}\begin{pmatrix} a_{22} & -a_{12} \\ -a_{21} & a_{11} \end{pmatrix}\begin{pmatrix} a_{11} & a_{12} \\ a_{21} & a_{22} \end{pmatrix} = \begin{pmatrix} 1 & 0 \\ 0 & 1 \end{pmatrix} = E_2$$

同様に，$AA^{-1}=E_2$．この場合 $n=2$ なので

$$|\tilde{A}| = |A|$$

が成り立つ．▎

例題 4.1 次の行列の逆行列を求めよ．

$$(1)\quad A = \begin{pmatrix} 1 & 2 \\ 3 & 4 \end{pmatrix} \qquad (2)\quad A = \begin{pmatrix} 2 & 0 & 1 \\ -1 & 1 & 2 \\ 1 & 3 & 0 \end{pmatrix}$$

［解］ (1) $|A|=-2$，(4.13)により直ちに

$$A^{-1} = \frac{1}{(-2)}\begin{pmatrix} 4 & -3 \\ -2 & 1 \end{pmatrix}^{\mathrm{T}} = \frac{1}{2}\begin{pmatrix} -4 & 2 \\ 3 & -1 \end{pmatrix}$$

となる．

(2) $|A|=-16$，(4.9)において $\tilde{A}_{11}=(-1)^{1+1}(-6)=-6$，$\tilde{A}_{12}=(-1)^{1+2}(-2)=2$，$\tilde{A}_{13}=(-1)^{1+3}(-4)=-4$，$\tilde{A}_{21}=(-1)^{2+1}(-3)=3$，$\tilde{A}_{22}=(-1)^{2+2}(-1)=-1$，$\tilde{A}_{23}=(-1)^{2+3}6=-6$，$\tilde{A}_{31}=(-1)^{3+1}(-1)=-1$，$\tilde{A}_{32}=(-1)^{3+2}5=-5$，$\tilde{A}_{33}=(-1)^{3+3}2=2$．したがって

$$A^{-1} = \frac{1}{(-16)}\begin{pmatrix} -6 & 2 & -4 \\ 3 & -1 & -6 \\ -1 & -5 & 2 \end{pmatrix}^{\mathrm{T}} = \frac{1}{16}\begin{pmatrix} 6 & -3 & 1 \\ -2 & 1 & 5 \\ 4 & 6 & -2 \end{pmatrix}$$

が得られる．▎

与えられた行列の逆行列を計算する方法としては，(4.9)式はあまり効率的とはいえない(第5章でもっと効率的な計算法を述べる)．しかし，逆行列の一般的な性質や公式を議論するときには(4.9)の公式が役に立つ．

例題 4.2 m 次正方行列 A を行ベクトル $\boldsymbol{a}_i\ (i=1,2,\cdots,m)$ で $A=(\boldsymbol{a}_1,\boldsymbol{a}_2,\cdots,\boldsymbol{a}_m)^{\mathrm{T}}$ と表わしたとき，$(\boldsymbol{a}_i)$ の中に1つでもゼロベクトルがあれば，A は正則でないことを示せ．

［解］ B を m 次正方行列とする．例題2.5を使うと，$AB=(\boldsymbol{a}_1B,\boldsymbol{a}_2B,\cdots,\boldsymbol{a}_mB)^{\mathrm{T}}$．右辺の成分である行ベクトル $\boldsymbol{a}_iB\ (i=1,2,\cdots,m)$ のどれかは0となる．したがって，どんな B に対しても $AB=E_m$ は成立しないので，A は正則ではない．▎

問 題 4-1

1. 次の 2×2 型行列の逆行列を求めよ．

(1) $\begin{pmatrix} 1 & 0 \\ 0 & 1 \end{pmatrix}$ (2) $\begin{pmatrix} 0 & 1 \\ 1 & 0 \end{pmatrix}$ (3) $\begin{pmatrix} 1 & 3 \\ 2 & 4 \end{pmatrix}$

2. 次の 3×3 型行列の逆行列を求めよ．

(1) $\begin{pmatrix} 1 & 0 & 0 \\ 0 & 1 & 0 \\ 0 & 0 & 1 \end{pmatrix}$ (2) $\begin{pmatrix} 1 & 0 & 0 \\ 0 & 0 & 1 \\ 0 & 1 & 0 \end{pmatrix}$ (3) $\begin{pmatrix} -3 & 6 & -11 \\ 3 & -4 & 6 \\ 4 & -8 & 13 \end{pmatrix}$

4-2 正方行列の性質

正方行列の中には単位行列の定数倍も含まれる．また，正方行列は何回かけても正方行列である．このように正方行列は加減乗除の演算について普通の数とよく似ている．しかし，積の順序が一般には交換できないことなどは普通の数と異なる．

正方行列の一般的性質をいくつか上げよう．

A を m 次正方行列($m\times m$ 型行列)とする．(i,i) 成分 a_{ii} $(i=1,2,\cdots,m)$ を A の**対角成分**，(i,j) 成分 a_{ij} $(i\neq j)$ を A の**非対角成分**という．非対角成分がすべて 0 の行列

$$A=\begin{pmatrix} a_{11} & 0 & \cdots & 0 \\ 0 & a_{22} & \ddots & \vdots \\ \vdots & \ddots & \ddots & 0 \\ 0 & \cdots & 0 & a_{mm} \end{pmatrix}$$

を**対角行列**とよぶ．対角行列は英語の対角線(diagonal)という文字を使って

$$\mathrm{diag}\,(a_{11}, a_{22}, \cdots, a_{mm})$$

と表わすこともある．ダイアゴナル $a_{11}, a_{22}, \cdots, a_{mm}$ と読む．

同じ次数の対角行列は互いに可換である．

A と B が m 次正方行列であるとき，A と B の任意の積も m 次正方行列で

ある．A の n 個の積を A^n と書く．A^n も m 次正方行列である．l, n を自然数（正の整数）とすると，**指数法則**

$$A^l A^n = A^{l+n}, \qquad (A^l)^n = A^{ln} \tag{4.14}$$

が成立する．

A が正則なら逆行列 A^{-1} が存在する．A^{-1} も m 次正方行列であり

$$(A^{-1})^{-1} = A, \qquad (AB)^{-1} = B^{-1}A^{-1}, \qquad (A^{-1})^n = (A^n)^{-1} \tag{4.15}$$

が成立する．n が正整数のとき $A^{-n}=(A^{-1})^n$ と書くと，$l>0$ として

$$A^l A^{-n} = \underbrace{A\cdots A}_{l}\cdot\underbrace{A^{-1}\cdots A^{-1}}_{n} = A^{l-n}$$

$$A^{-l}A^{-n} = (A^{-1})^l(A^{-1})^n = (A^{-1})^{l+n} = A^{-l-n}$$

が成立するから，(4.14)式は負数を含めてすべての整数 l, n に対して成立する．とくに，$AA^{-1}=A^0=E_m$ である．

$$\begin{aligned} &A^l A^n = A^{l+n}, \qquad (A^l)^n = A^{ln} \\ &(A \text{ は正則，} l, n \text{ は整数 } 0, \pm 1, \pm 2, \cdots) \end{aligned} \tag{4.16}$$

m 次正方行列 A の転置 A^{T} も m 次正方行列で

$$(A^{\mathrm{T}})^{-1} = (A^{-1})^{\mathrm{T}} \tag{4.17}$$

が成立する．証明は例題 4.3 で行なう．

$A^{\mathrm{T}}=A$ のとき A を**対称行列**，$A^{\mathrm{T}}=-A$ のとき A を**交代行列**（**反対称行列**）という．

$$\begin{pmatrix} 2 & -1 \\ -1 & 0 \end{pmatrix}, \qquad \begin{pmatrix} 0 & -3 \\ 3 & 0 \end{pmatrix}$$

はそれぞれ対称行列，交代行列である．交代行列の対角成分 a_{ii} は，条件 $a_{ii}=-a_{ii}$ から，いつも 0 である．

任意の m 次正方行列は m 次対称行列と m 次交代行列の和で表わせる．実際，A を m 次正方行列とし

$$S = \frac{1}{2}(A+A^{\mathrm{T}}), \qquad T = \frac{1}{2}(A-A^{\mathrm{T}})$$

と置くと，S は対称行列，T は交代行列で

$$A = S+T$$

である．たとえば

$$A = \begin{pmatrix} 2 & 1 \\ -2 & 3 \end{pmatrix}$$

ならば

$$S = \frac{1}{2}\left[\begin{pmatrix} 2 & 1 \\ -2 & 3 \end{pmatrix}+\begin{pmatrix} 2 & -2 \\ 1 & 3 \end{pmatrix}\right] = \frac{1}{2}\begin{pmatrix} 4 & -1 \\ -1 & 6 \end{pmatrix}$$

$$T = \frac{1}{2}\left[\begin{pmatrix} 2 & 1 \\ -2 & 3 \end{pmatrix}-\begin{pmatrix} 2 & -2 \\ 1 & 3 \end{pmatrix}\right] = \frac{1}{2}\begin{pmatrix} 0 & 3 \\ -3 & 0 \end{pmatrix}$$

となる．

m 次正方行列 A の対角成分の和 $\sum_{i=1}^{m} a_{ii}$ を A の**トレース** (trace) といい

$$\mathrm{Tr}\, A = \sum_{i=1}^{m} a_{ii} \tag{4.18}$$

と表わす．$\mathrm{Tr}\, A$ はトレース A と読む．

トレースについて

$$\mathrm{Tr}(A+B) = \mathrm{Tr}\, A+\mathrm{Tr}\, B, \qquad \mathrm{Tr}(AB) = \mathrm{Tr}(BA) \tag{4.19}$$

$$\mathrm{Tr}(B^{-1}AB) = \mathrm{Tr}\, A \tag{4.20}$$

が成立する．とくに，$\mathrm{Tr}\, E_m = m$ である．

例題 4.3 (4.17), (4.19), (4.20)式を証明せよ．

[解] (4.17)の証明．$A^{-1}A=AA^{-1}=E_m$ の両辺の転置を作ると $A^{\mathrm{T}}(A^{-1})^{\mathrm{T}}=(A^{-1})^{\mathrm{T}}A^{\mathrm{T}}={E_m}^{\mathrm{T}}=E_m$．これから $(A^{-1})^{\mathrm{T}}=(A^{\mathrm{T}})^{-1}$ が得られる．

(4.19)の証明．

$$\mathrm{Tr}(A+B) = \sum_{i=1}^{m}(a_{ii}+b_{ii}) = \sum_{i=1}^{m} a_{ii}+\sum_{i=1}^{m} b_{ii} = \mathrm{Tr}\, A+\mathrm{Tr}\, B$$

$$\mathrm{Tr}(AB) = \sum_{i=1}^{m}\left(\sum_{j=1}^{m} a_{ij}b_{ji}\right) = \sum_{j=1}^{m}\left(\sum_{i=1}^{m} b_{ji}a_{ij}\right) = \mathrm{Tr}(BA)$$

さらに，(4.19)において A を $B^{-1}A$ で置き換えれば

$$\mathrm{Tr}(B^{-1}AB) = \mathrm{Tr}(BB^{-1}A) = \mathrm{Tr}\, A$$

となり，(4.20)が証明された．▎

問　題 4-2

1. 次の式を示せ.

(1) $\mathrm{Tr}((A+B)^2) = \mathrm{Tr}(A^2)+2\,\mathrm{Tr}(AB)+\mathrm{Tr}(B^2)$

(2) $\mathrm{Tr}((A+B)^3) = \mathrm{Tr}(A^3)+3\,\mathrm{Tr}(A^2B)+3\,\mathrm{Tr}(AB^2)+\mathrm{Tr}(B^3)$

2. A, B を正則な行列とするとき, $(A^{-1})^{-1}=A$, $(AB)^{-1}=B^{-1}A^{-1}$ を証明せよ.

3. A を n 次の対称行列とするとき, 次式を証明せよ.

$$\mathrm{Tr}(A^2) = \sum_{j=1}^{n}\sum_{i=1}^{n} a_{ij}{}^2$$

4-3 クラメルの公式

連立1次方程式の解を, 行列式を使って具体的に書こう.

未知数 $x_1, x_2, \cdots, x_n$ に対する連立1次方程式を

$$A\boldsymbol{x} = \boldsymbol{c} \tag{4.21}$$

とする. ここで, A は成分 a_{ij} が定数である n 次正方行列であり, また $\boldsymbol{x}=(x_1, x_2, \cdots, x_n)^{\mathrm{T}}$ は未知数ベクトル, $\boldsymbol{c}=(c_1, c_2, \cdots, c_n)^{\mathrm{T}}$ は与えられた定数ベクトルである.

4-1節で述べたように, (4.21)式は, $|A|\neq 0$ ならば, ただ1つの解

$$\boldsymbol{x} = A^{-1}\boldsymbol{c}$$

をもつ. (4.9)式をこの解の右辺に代入すれば

$$\boldsymbol{x} = \frac{1}{|A|}\tilde{A}^{\mathrm{T}}\boldsymbol{c} = \frac{1}{|A|}\begin{pmatrix} \tilde{A}_{11}c_1+\tilde{A}_{21}c_2+\cdots+\tilde{A}_{n1}c_n \\ \tilde{A}_{12}c_1+\tilde{A}_{22}c_2+\cdots+\tilde{A}_{n2}c_n \\ \cdots\cdots\cdots\cdots\cdots\cdots\cdots\cdots \\ \tilde{A}_{1n}c_1+\tilde{A}_{2n}c_2+\cdots+\tilde{A}_{nn}c_n \end{pmatrix} \tag{4.22}$$

となる. 右辺のベクトルの第 k 成分は, A の第 k 番目の列ベクトル $\boldsymbol{a}_k$ を $\boldsymbol{c}$ で置き換えた行列の行列式になっている. すなわち

$$\tilde{A}_{1k}c_1+\tilde{A}_{2k}c_2+\cdots+\tilde{A}_{nk}c_n = |(\boldsymbol{a}_1, \boldsymbol{a}_2, \cdots, \boldsymbol{a}_{k-1}, \boldsymbol{c}, \boldsymbol{a}_{k+1}, \cdots, \boldsymbol{a}_n)|$$

$$= \begin{vmatrix} a_{11} & a_{12} & \cdots & a_{1,k-1} & c_1 & a_{1,k+1} & \cdots & a_{1n} \\ a_{21} & a_{22} & \cdots & a_{2,k-1} & c_2 & a_{2,k+1} & \cdots & a_{2n} \\ \cdots & \cdots & \cdots & \cdots & \cdots & \cdots & \cdots & \cdots \\ a_{n1} & a_{n2} & \cdots & a_{n,k-1} & c_n & a_{n,k+1} & \cdots & a_{nn} \end{vmatrix} \tag{4.23}$$

したがって，(4.22)を成分で書くと

$$x_k = \frac{1}{|A|} D_k, \qquad D_k = |(\boldsymbol{a}_1, \cdots, \boldsymbol{a}_{k-1}, \boldsymbol{c}, \boldsymbol{a}_{k+1}, \cdots, \boldsymbol{a}_n)| \quad (k=1, 2, \cdots, n) \tag{4.24}$$

となる．ただし，$k=1$, $k=n$ のとき，形式的に現われる $\boldsymbol{a}_0$, $\boldsymbol{a}_{n+1}$ は書かない(下の例1参照)．(4.24)が一般的な**クラメルの公式**である．

[例 1] $n=2, 3$ の場合に，解をさらに具体的に書いてみよう．

$n=2$ の場合は

$$A = (\boldsymbol{a}_1, \boldsymbol{a}_2) = \begin{pmatrix} a_{11} & a_{12} \\ a_{21} & a_{22} \end{pmatrix}, \qquad \boldsymbol{c} = \begin{pmatrix} c_1 \\ c_2 \end{pmatrix}$$

であるから

$$D_1 = |(\boldsymbol{c}, \boldsymbol{a}_2)| = \begin{vmatrix} c_1 & a_{12} \\ c_2 & a_{22} \end{vmatrix}, \qquad D_2 = |(\boldsymbol{a}_1, \boldsymbol{c})| = \begin{vmatrix} a_{11} & c_1 \\ a_{21} & c_2 \end{vmatrix}$$

したがって，(4.24)より

$$x_1 = \frac{1}{|A|} \begin{vmatrix} c_1 & a_{12} \\ c_2 & a_{22} \end{vmatrix}, \qquad x_2 = \frac{1}{|A|} \begin{vmatrix} a_{11} & c_1 \\ a_{21} & c_2 \end{vmatrix}$$

これは(3.7)である．

$n=3$ の場合は

$$A = (\boldsymbol{a}_1, \boldsymbol{a}_2, \boldsymbol{a}_3) = \begin{pmatrix} a_{11} & a_{12} & a_{13} \\ a_{21} & a_{22} & a_{23} \\ a_{31} & a_{32} & a_{33} \end{pmatrix}, \qquad \boldsymbol{c} = \begin{pmatrix} c_1 \\ c_2 \\ c_3 \end{pmatrix}$$

であるから

$$D_1 = |(\boldsymbol{c}, \boldsymbol{a}_2, \boldsymbol{a}_3)| = \begin{vmatrix} c_1 & a_{12} & a_{13} \\ c_2 & a_{22} & a_{23} \\ c_3 & a_{32} & a_{33} \end{vmatrix} \tag{4.25}$$

$$D_2 = |(\boldsymbol{a}_1, \boldsymbol{c}, \boldsymbol{a}_3)| = \begin{vmatrix} a_{11} & c_1 & a_{13} \\ a_{21} & c_2 & a_{23} \\ a_{31} & c_3 & a_{33} \end{vmatrix} \tag{4.26}$$

$$D_3 = |(\boldsymbol{a}_1, \boldsymbol{a}_2, \boldsymbol{c})| = \begin{vmatrix} a_{11} & a_{12} & c_1 \\ a_{21} & a_{22} & c_2 \\ a_{31} & a_{32} & c_3 \end{vmatrix} \tag{4.27}$$

となり，(4.24)から

$$x_1 = \frac{1}{|A|}|(\boldsymbol{c}, \boldsymbol{a}_2, \boldsymbol{a}_3)|, \qquad x_2 = \frac{1}{|A|}|(\boldsymbol{a}_1, \boldsymbol{c}, \boldsymbol{a}_3)|, \qquad x_3 = \frac{1}{|A|}|(\boldsymbol{a}_1, \boldsymbol{a}_2, \boldsymbol{c})| \tag{4.28}$$

が得られる．この解は(3.11)～(3.13)と一致する．▌

例題 4.4 クラメルの公式により，次の方程式の解を求めよ．

$$(1)\ \begin{cases} x_1+2x_2-3x_3 = 1 \\ 2x_1+x_2-2x_3 = 2 \\ 3x_1+2x_2+x_3 = -1 \end{cases} \qquad (2)\ \begin{cases} x_1+x_2 = 1 \\ x_1+x_3 = 0 \\ x_2-x_4 = -1 \\ x_1-x_3 = 1 \end{cases}$$

[解] (1) 係数行列を A とすると

$$A = \begin{pmatrix} 1 & 2 & -3 \\ 2 & 1 & -2 \\ 3 & 2 & 1 \end{pmatrix}, \qquad |A| = -14$$

$\boldsymbol{c}=(1,2,-1)^{\mathrm{T}}$ であるから，(4.25)～(4.27)は

$$\begin{vmatrix} 1 & 2 & -3 \\ 2 & 1 & -2 \\ -1 & 2 & 1 \end{vmatrix} = -10, \qquad \begin{vmatrix} 1 & 1 & -3 \\ 2 & 2 & -2 \\ 3 & -1 & 1 \end{vmatrix} = 16, \qquad \begin{vmatrix} 1 & 2 & 1 \\ 2 & 1 & 2 \\ 3 & 2 & -1 \end{vmatrix} = 12$$

したがって(4.28)より

$$x_1 = \frac{-10}{-14} = \frac{5}{7}, \qquad x_2 = \frac{16}{-14} = -\frac{8}{7}, \qquad x_3 = \frac{12}{-14} = -\frac{6}{7}$$

(2) 係数行列を A とし，$\boldsymbol{c}=(1,0,-1,1)^{\mathrm{T}}$ とすれば

$$A=\begin{pmatrix}1 & 1 & 0 & 0\\ 1 & 0 & 1 & 0\\ 0 & 1 & 0 & -1\\ 1 & 0 & -1 & 0\end{pmatrix},\qquad |A|=2$$

(4.23)は

$$\begin{vmatrix}1 & 1 & 0 & 0\\ 0 & 0 & 1 & 0\\ -1 & 1 & 0 & -1\\ 1 & 0 & -1 & 0\end{vmatrix}=1,\qquad \begin{vmatrix}1 & 1 & 0 & 0\\ 1 & 0 & 1 & 0\\ 0 & -1 & 0 & -1\\ 1 & 1 & -1 & 0\end{vmatrix}=1$$

$$\begin{vmatrix}1 & 1 & 1 & 0\\ 1 & 0 & 0 & 0\\ 0 & 1 & -1 & -1\\ 1 & 0 & 1 & 0\end{vmatrix}=-1,\qquad \begin{vmatrix}1 & 1 & 0 & 1\\ 1 & 0 & 1 & 0\\ 0 & 1 & 0 & -1\\ 1 & 0 & -1 & 1\end{vmatrix}=3$$

したがって(4.24)から

$$x_1=\frac{1}{2},\qquad x_2=\frac{1}{2},\qquad x_3=-\frac{1}{2},\qquad x_4=\frac{3}{2}\qquad \blacksquare$$

問 題 4-3

1. クラメルの公式を用いて次の方程式を解け(a, b, cは定数).

(1) $\begin{cases}-x_1+x_2-x_3=a\\ x_1-x_2+2x_3=b\\ 2x_1+3x_3=c\end{cases}$ (2) $\begin{cases}x_1-x_2+x_3=a\\ 2x_1+x_2-3x_3=b\\ x_1+3x_2-x_3=c\end{cases}$

4-4 同次方程式

連立1次方程式 $A\boldsymbol{x}=\boldsymbol{c}$ において，$\boldsymbol{c}=0$ のもの，すなわち

$$A\boldsymbol{x}=0$$

あるいは

$$\begin{cases} a_{11}x_1+a_{12}x_2+\cdots+a_{1n}x_n=0 \\ a_{21}x_1+a_{22}x_2+\cdots+a_{2n}x_n=0 \\ \cdots\cdots\cdots\cdots\cdots \\ a_{n1}x_1+a_{n2}x_2+\cdots+a_{nn}x_n=0 \end{cases} \tag{4.29}$$

を**同次方程式**という.

同次方程式は解 $\boldsymbol{x}=0\ (x_1=x_2=\cdots=x_n=0)$ をもつ. これを**自明な解**という. クラメルの公式から考えれば, $\boldsymbol{c}=0$ のとき $D_1, D_2, \cdots$ は 0 であるから, 自明な解以外の解(**自明でない解**)をもつためには, 少なくとも $|A|=0$ でなければならない. 実際, 上の同次方程式が自明でない解をもつための必要にして十分な条件は, 係数の行列式 $|A|$ が 0 であること, すなわち

$$D = |A| = 0 \tag{4.30}$$

であることが示される.

例題 4.5 同次方程式

$$\begin{cases} x+2y-2z=0 \\ 3x+2y-3z=0 \\ 4x+4y-5z=0 \end{cases}$$

を解け.

[解] この場合, 第 1 式と第 2 式を加えると第 3 式になる. これからもわかるように $D=0$ であり, 自明でない解がある. 第 2 式から第 1 式を引くと

$$2x = z$$

を得る. これと第 1 式から

$$2y = 3x$$

これらによって第 3 式は自然に満たされる. よって t を任意定数(パラメタ)として

$$x = 2t, \quad y = 3t, \quad z = 4t$$

が, 与えられた同次方程式の解である. ▎

この例題でも示されたように, 同次方程式の自明な解でない解は, 未知数 $x, y, z, \cdots$ の値が, 未知数の個数より少ない個数のパラメタによって表わされる.

例題 4.6 次の同次方程式の解を求めよ.

$$\begin{cases} x+3y+2z=0 \\ x+2y+4z=0 \\ x+\ \ y+3z=0 \end{cases}$$

[解] $D=\begin{vmatrix} 1 & 3 & 2 \\ 1 & 2 & 4 \\ 1 & 1 & 3 \end{vmatrix}=3\neq 0$. したがって自明な解 $x=y=z=0$ だけが解である. ▍

問 題 4-4

1. 次の同次方程式のうち，自明でない解をもつのはどれか.

(1) $\begin{cases} 2x+3y=0 \\ 4x+5y=0 \end{cases}$ (2) $\begin{cases} 3x-6y=0 \\ 2x-4y=0 \\ 5x-10y=0 \end{cases}$

2. 次の同次方程式の自明でない解を求めよ.

(1) $\begin{cases} x-y=0 \\ -2x+2y=0 \end{cases}$ (2) $\begin{cases} x+y-z=0 \\ 2x-y=0 \\ 3y-2z=0 \end{cases}$

第 4 章 演 習 問 題

[1]

$$A=\begin{pmatrix} 2 & 4 \\ 2 & 3 \end{pmatrix}$$

の逆行列を求めよ. また，$|\tilde{A}|$, $|\tilde{A}^{\mathrm{T}}|$, $|A^{-1}|$ を求めよ.

[2]

$$A=\begin{pmatrix} 1 & 1 & 1 \\ 3 & 4 & 8 \\ 2 & 2 & 1 \end{pmatrix}$$

の逆行列を求めよ.

[3]

$$B = \begin{pmatrix} 0 & \sqrt{1} & & & & \\ & 0 & \sqrt{2} & & 0 & \\ & & 0 & \ddots & & \\ & & & \ddots & \sqrt{n} & \\ & 0 & & & 0 & \end{pmatrix}$$

とする(第 2 章演習問題 [7] 参照). このとき, $B^{\mathrm{T}}B-BB^{\mathrm{T}}$ を作り, $\mathrm{Tr}\,(B^{\mathrm{T}}B-BB^{\mathrm{T}})=0$ を確かめよ.

[4] クラメルの公式を用いて, 連立方程式

$$\begin{cases} 4x+y-z=3 \\ 2x+5y-4z=0 \\ 3x-2y+z=2 \end{cases}$$

を解け.

[5] 連立方程式

$$\begin{cases} px+y+z=1 \\ x+py+z=1 \\ x+y+pz=1 \end{cases}$$

の解を求めよ(p は定数).

Coffee Break

順列と行列式

たとえば，3 次の行列式は

$$D = \begin{vmatrix} a_{11} & a_{12} & a_{13} \\ a_{21} & a_{22} & a_{23} \\ a_{31} & a_{32} & a_{33} \end{vmatrix}$$

$$= a_{11}a_{22}a_{33} - a_{12}a_{21}a_{33} + a_{12}a_{23}a_{31} - a_{13}a_{22}a_{31} + a_{13}a_{21}a_{32} - a_{11}a_{23}a_{32}$$

と書ける．この各項は $\pm a_{1i}a_{2j}a_{3k}$ という形をしている．(i, j, k) は 1, 2, 3 の順序をかえたもので，第 1 項の $a_{11}a_{22}a_{33}$ では $(i, j, k)=(1, 2, 3)$ である．第 2 項の $a_{12}a_{21}a_{33}$ では $(i, j, k)=(2, 1, 3)$ であり，これは 1, 2 を入れかえたもの（奇順列）である．第 3 項の $a_{12}a_{23}a_{31}$ の $(i, j, k)=(2, 3, 1)$ はさらに 1, 3 を入れかえたもので，2 回の入れかえをおこなっているから偶順列である．同様に，第 4 項は奇順列，第 5 項は偶順列，第 6 項は奇順列である．そして，奇順列の項には $-$ 符号がつき，偶順列の項には $+$ 符号がついている．したがって，(i, j, k) が奇順列のときは $P=1$，偶順列のときは $P=0$ とすると，上の行列式は

$$D = \sum_{(i, j, k)} (-1)^P a_{1i}a_{2j}a_{3k}$$

と書くことができる．ただし，ここで，$\sum_{(i, j, k)}$ は $(1, 2, 3)$ のすべての入れかえ (i, j, k) に対する和を表わす．この表わし方を用いれば，任意の次数の行列式も

$$D = \sum_{(i_1, i_2, \cdots, i_n)} (-1)^P a_{1i_1}a_{2i_2}\cdots a_{ni_n}$$

と書ける．ここで，$\sum_{(i_1, i_2, \cdots, i_n)}$ は $(1, 2, 3, \cdots, n)$ を基準にした順列 $(i_1, i_2, \cdots, i_n)$ のすべてに対する和であり，これが奇順列のときは $P=1$，偶順列のときは $P=0$ である．

5

行列の基本変形

連立 1 次方程式は方程式の集まりであるが，これらの方程式を加えたり，引いたりしても，連立方程式が表わす内容は変わらない．他方で，連立 1 次方程式は係数行列と未知数のベクトルとで書かれるが，その内容を変えないで，係数行列の行を加えたり，引いたりすることができる．連立方程式の方程式を加えたり，引いたりすることと，その係数行列の行を加えたり，引いたりする行列の変形とは同じことなのである．行列を変形して簡単化することにより，連立方程式の解の性質が明らかにされる．

5-1 行列の変形

連立1次方程式の解法として，係数行列の逆行列を求める公式やクラメルの公式を導いたが，未知数の数が大きい場合は，高次の行列式を計算することになる．ところがこれは大きな手間を要するので，これらの公式で解を計算するのは，実際には大変なことである．

連立1次方程式の解を求めるだけならば，係数行列の逆行列を求めたりしない，別の方法も考えられる．これを簡単な場合について説明しよう．

2×2 型行列の変形　まず，いちばん簡単な場合として，未知数が2個の連立方程式

$$\begin{cases} a_{11}x+a_{12}y=c_1 \\ a_{21}x+a_{22}y=c_2 \end{cases} \tag{5.1}$$

をとりあげる．ここで係数行列を A とし

$$A=\begin{pmatrix} a_{11} & a_{12} \\ a_{21} & a_{22} \end{pmatrix}, \quad \boldsymbol{x}=\begin{pmatrix} x \\ y \end{pmatrix}, \quad \boldsymbol{c}=\begin{pmatrix} c_1 \\ c_2 \end{pmatrix}$$

とすれば，(5.1)式は

$$A\boldsymbol{x}=\boldsymbol{c}$$

すなわち

$$\begin{pmatrix} a_{11} & a_{12} \\ a_{21} & a_{22} \end{pmatrix}\begin{pmatrix} x \\ y \end{pmatrix}=\begin{pmatrix} c_1 \\ c_2 \end{pmatrix} \tag{5.2}$$

と表わせる．これを解くには，たとえば x を消去して y だけを含む方程式を導けばよい．この解法を段階的に調べて，未知数の個数が多い場合を考える手がかりとしよう．

(i)　まず，$a_{11}\neq 0$ と仮定して，(5.1)式の第1式の両辺に $-a_{21}/a_{11}$ を掛けて第2式の両辺に加える．すると

$$\begin{cases} a_{11}x+a_{12}y=c_1 \\ \dfrac{|A|}{a_{11}}y=c_2-\dfrac{a_{21}}{a_{11}}c_1 \end{cases} \tag{5.3}$$

ただし

$$|A| = a_{11}a_{22}-a_{12}a_{21}$$

を得る．これを書き直すと

$$\begin{pmatrix} a_{11} & a_{12} \\ 0 & \dfrac{|A|}{a_{11}} \end{pmatrix}\begin{pmatrix} x \\ y \end{pmatrix} = \begin{pmatrix} c_1 \\ c_2-\dfrac{a_{21}}{a_{11}}c_1 \end{pmatrix} \tag{5.4}$$

となる．

この計算からわかるように，(5.2)の左辺の係数行列 A と右辺のベクトル $\boldsymbol{c}$ のある行に定数を掛けても，さらにこれを他の行に加えても，方程式の内容は変わらない．

この事実を認め，同様な操作をさらに行なおう．

(ii) (5.4)の左辺の係数行列と右辺のベクトルの第2行に $-a_{11}a_{12}/|A|$ を掛け ($|A|\neq 0$ と仮定)，第1行に加えると，係数行列の (1,2) 成分が0になり

$$\begin{pmatrix} a_{11} & 0 \\ 0 & \dfrac{|A|}{a_{11}} \end{pmatrix}\begin{pmatrix} x \\ y \end{pmatrix} = \begin{pmatrix} c_1-\dfrac{a_{11}a_{12}}{|A|}\left(c_2-\dfrac{a_{21}}{a_{11}}c_1\right) \\ c_2-\dfrac{a_{21}}{a_{11}}c_1 \end{pmatrix} \tag{5.5}$$

となる．

(iii) (5.5)の第1行に $1/a_{11}$ を掛ける．(iii′) 第2行に $a_{11}/|A|$ を掛ける．

これらの操作をした結果を整理すると，(5.5)は

$$\begin{pmatrix} 1 & 0 \\ 0 & 1 \end{pmatrix}\begin{pmatrix} x \\ y \end{pmatrix} = \frac{1}{|A|}\begin{pmatrix} a_{22}c_1-a_{12}c_2 \\ -a_{21}c_1+a_{11}c_2 \end{pmatrix} \tag{5.6}$$

あるいは

$$\begin{pmatrix} x \\ y \end{pmatrix} = \frac{1}{|A|}\begin{pmatrix} a_{22} & -a_{12} \\ -a_{21} & a_{11} \end{pmatrix}\begin{pmatrix} c_1 \\ c_2 \end{pmatrix} \tag{5.7}$$

となる．これで(5.1)は解かれた．(5.7)を(5.1)と比べれば

$$A^{-1} = \frac{1}{|A|}\begin{pmatrix} a_{22} & -a_{12} \\ -a_{21} & a_{11} \end{pmatrix}$$

であることがわかる．これはすでに(4.13)で与えたものである．

しかし，逆行列まで求めなくても，(5.3)あるいは(5.4)の段階でこの2元連

立1次方程式は事実上解けている．すなわち，係数 $a_{11}, a_{12}, a_{21}, a_{22}$ が数値として与えられているとすると，(5.3)の第2式で y は求められるので，これを第1式の y に代入すれば x が計算される．

この操作を未知数が3個あるときを例にとって示そう．

3×3型行列の変形　未知数 x, y, z をもつ連立1次方程式

$$\begin{cases} 2x-3y+2z = 3 \\ \qquad 3y+2z = 11 \\ 3x+2y-6z = 15 \end{cases}$$

すなわち

$$\begin{pmatrix} 2 & -3 & 2 \\ 0 & 3 & 2 \\ 3 & 2 & -6 \end{pmatrix}\begin{pmatrix} x \\ y \\ z \end{pmatrix} = \begin{pmatrix} 3 \\ 11 \\ 15 \end{pmatrix}$$

を考えよう．この第1行の x の係数を1にする．それには第1行に1/2を掛ければよい．この操作により，上式は

$$\begin{pmatrix} 1 & -3/2 & 1 \\ 0 & 3 & 2 \\ 3 & 2 & -6 \end{pmatrix}\begin{pmatrix} x \\ y \\ z \end{pmatrix} = \begin{pmatrix} 3/2 \\ 11 \\ 15 \end{pmatrix}$$

となる．次に第2行の y の係数を1にする．そのために第2行に1/3を掛けて

$$\begin{pmatrix} 1 & -3/2 & 1 \\ 0 & 1 & 2/3 \\ 3 & 2 & -6 \end{pmatrix}\begin{pmatrix} x \\ y \\ z \end{pmatrix} = \begin{pmatrix} 3/2 \\ 11/3 \\ 15 \end{pmatrix}$$

となる．

次に左辺の係数行列の第3行を $(0, 0, 1)$ にしたい．このために，まず第3行の x の係数を0にする．それには第1行を3倍して第3行から引けばよい．こうして

$$\begin{pmatrix} 1 & -3/2 & 1 \\ 0 & 1 & 2/3 \\ 0 & 13/2 & -9 \end{pmatrix}\begin{pmatrix} x \\ y \\ z \end{pmatrix} = \begin{pmatrix} 3/2 \\ 11/3 \\ 21/2 \end{pmatrix}$$

を得る．ここで第3行の y の係数を0にする．そのためには第2行に13/2を掛けて第3行から引けばよい．こうして

$$\begin{pmatrix} 1 & -3/2 & 1 \\ 0 & 1 & 2/3 \\ 0 & 0 & -40/3 \end{pmatrix}\begin{pmatrix} x \\ y \\ z \end{pmatrix} = \begin{pmatrix} 3/2 \\ 11/3 \\ -40/3 \end{pmatrix}$$

を得る．最後に第 3 行の z の係数を 1 にするため，第 3 行に $-3/40$ を掛けて

$$\begin{pmatrix} 1 & -3/2 & 1 \\ 0 & 1 & 2/3 \\ 0 & 0 & 1 \end{pmatrix}\begin{pmatrix} x \\ y \\ z \end{pmatrix} = \begin{pmatrix} 3/2 \\ 11/3 \\ 1 \end{pmatrix}$$

を得る．方程式として書けば，これは

$$\begin{cases} x-\dfrac{3}{2}y+z = \dfrac{3}{2} \\ \qquad y+\dfrac{2}{3}z = \dfrac{11}{3} \\ \qquad\qquad z = 1 \end{cases}$$

である．与えられた連立 1 次方程式は，この式と同等なのである．

この第 3 式から $z=1$ を得，これを第 2 式に入れて $y=3$，さらにこれらを第 1 式に入れて $x=5$ を得る．

未知数が多数 $(x_1, x_2, \cdots, x_n)$ ある場合も，同様な操作を順次に $x_1, x_2, \cdots$ に適用することにより，連立方程式を

$$\begin{cases} x_1+a_{12}'x_2+a_{13}'x_3+\cdots+a_{1n}'x_n = c_1' \\ \qquad x_2+a_{23}'x_3+\cdots+a_{2n}'x_n = c_2' \\ \qquad\qquad x_3+\cdots+a_{3n}'x_n = c_3' \\ \qquad\qquad\qquad \cdots\cdots\cdots\cdots\cdots \\ \qquad\qquad\qquad\qquad x_n = c_n' \end{cases} \tag{5.8}$$

の形にすることができ，下から順次に $x_n, x_{n-1}, \cdots, x_1$ が得られる．この方法を**ガウスの消去法**という．

ここで用いた操作はすべて行列の変形であって，はじめの式の係数行列の逆行列を完全に求めなくても，(5.8) の形にまで変形すれば，解が事実上求められたことになる．したがって

$$\begin{pmatrix} a_{11} & a_{12} & \cdots & a_{1n} \\ a_{21} & a_{22} & \cdots & a_{2n} \\ \cdots & \cdots & \cdots & \cdots \\ a_{n1} & a_{n2} & \cdots & a_{nn} \end{pmatrix} \begin{pmatrix} x_1 \\ x_2 \\ \vdots \\ x_n \end{pmatrix} = \begin{pmatrix} c_1 \\ c_2 \\ \vdots \\ c_n \end{pmatrix} \tag{5.9}$$

を解くには，これを変形して

$$\begin{pmatrix} 1 & & & * \\ & 1 & & \\ & & \ddots & \\ 0 & & & 1 \end{pmatrix} \begin{pmatrix} x_1 \\ x_2 \\ \vdots \\ x_n \end{pmatrix} = \begin{pmatrix} c_1' \\ c_2' \\ \vdots \\ c_n' \end{pmatrix} \tag{5.10}$$

の形にすればよい．ここで左辺の行列は対角成分が1で，その左下の成分はすべて0の行列(一般には右上の $*$ に成分が残る)である．連立1次方程式が，解ける方程式ならば，この形まで変形することができるのである．

問　題 5-1

1. 次の方程式を(5.3)，(5.5)の形に変形せよ．

(1) $\begin{cases} x_1+x_2 = 3 \\ x_1+2x_2 = 5 \end{cases}$　　(2) $\begin{cases} 2x_1+x_2 = 5 \\ 3x_1+2x_2 = 8 \end{cases}$

2. 次の方程式を(5.10)の形にせよ．

$$\begin{cases} x_1+x_2+x_3+x_4 = a \\ x_1+2x_2+2x_3+2x_4 = b \\ x_1+2x_2+3x_3+3x_4 = c \\ x_1+2x_2+3x_3+4x_4 = d \end{cases}$$

5-2 基本変形

上に述べた方程式の解法の中に，行列の1つの行を定数倍する操作と，1つの行の定数倍を他の行に加える操作が使われた．さらに，1つの行と他の行を入れ替えるという操作が必要になる場合もある．これらの操作を $m\times n$ 型行列に対して行なうとき，次の(I)，(II)，(III)を，**行に関する基本変形** または **行基**

本変形という.

(I) 1つの行を定数倍する.

(II) 1つの行の定数倍を他の行に加える.

(III) 1つの行と他の行を入れ替える.

じつは(III)は,(I),(II)から導くことができる(例題5.1参照).したがって,基本変形の定義は(I)と(II)だけで十分であるが,便宜上,(III)もこれに加えておく.

なお,いままでに用いなかったが,上の(I),(II),(III)において,「行」を「列」に置き換えた操作も考えられ,これを,**列に関する基本変形**または**列基本変形**という.

行基本変形を用いると,たとえば次のように変形できる.

$$\begin{pmatrix} 2 & -4 \\ -1 & 3 \end{pmatrix} \xrightarrow[\text{第1行の1/2を第2行に加える}]{\text{II}} \begin{pmatrix} 2 & -4 \\ 0 & 1 \end{pmatrix} \xrightarrow[\text{第2行を4倍して第1行に加える}]{\text{II}} \begin{pmatrix} 2 & 0 \\ 0 & 1 \end{pmatrix} \xrightarrow[\text{第1行に1/2を掛ける}]{\text{I}} \begin{pmatrix} 1 & 0 \\ 0 & 1 \end{pmatrix}$$

例題5.1 行基本変形の(I)と(II)によって,行列$\begin{pmatrix} a & b \\ c & d \end{pmatrix}$の行を入れ替えよ.

[解]

$$\begin{pmatrix} a & b \\ c & d \end{pmatrix} \xrightarrow[\text{第1行を第2行に加える}]{\text{II}} \begin{pmatrix} a & b \\ c+a & d+b \end{pmatrix} \xrightarrow[\text{第1行から第2行を引く}]{\text{II}} \begin{pmatrix} -c & -d \\ c+a & d+b \end{pmatrix}$$

$$\xrightarrow[\text{第1行に}-1\text{を掛ける}]{\text{I}} \begin{pmatrix} c & d \\ c+a & d+b \end{pmatrix} \xrightarrow[\text{第2行から第1行を引く}]{\text{II}} \begin{pmatrix} c & d \\ a & b \end{pmatrix}$$ ∎

行基本行列 行列の基本変形は,ある正方行列をかけることによって実行され,この正方行列を**基本行列**という.

$m \times n$型行列Aの行基本変形はm次の基本行列をAの左からかけることによって実行できる.例として,2×2型行列

$$A = \begin{pmatrix} a_{11} & a_{12} \\ a_{21} & a_{22} \end{pmatrix} \tag{5.11}$$

を考えよう.(5.11)の第1行をs倍する行列P_1,第1行のs倍を第2行に加える行列P_2,行を入れ替える行列P_3は,それぞれ

$$P_1=\begin{pmatrix} s & 0 \\ 0 & 1 \end{pmatrix}, \quad P_2=\begin{pmatrix} 1 & 0 \\ s & 1 \end{pmatrix}, \quad P_3=\begin{pmatrix} 0 & 1 \\ 1 & 0 \end{pmatrix} \tag{5.12}$$

である．実際，左からかけると

$$P_1A=\begin{pmatrix} s & 0 \\ 0 & 1 \end{pmatrix}\begin{pmatrix} a_{11} & a_{12} \\ a_{21} & a_{22} \end{pmatrix}=\begin{pmatrix} sa_{11} & sa_{12} \\ a_{21} & a_{22} \end{pmatrix}$$

$$P_2A=\begin{pmatrix} 1 & 0 \\ s & 1 \end{pmatrix}\begin{pmatrix} a_{11} & a_{12} \\ a_{21} & a_{22} \end{pmatrix}=\begin{pmatrix} a_{11} & a_{12} \\ sa_{11}+a_{21} & sa_{12}+a_{22} \end{pmatrix}$$

$$P_3A=\begin{pmatrix} 0 & 1 \\ 1 & 0 \end{pmatrix}\begin{pmatrix} a_{11} & a_{12} \\ a_{21} & a_{22} \end{pmatrix}=\begin{pmatrix} a_{21} & a_{22} \\ a_{11} & a_{12} \end{pmatrix}$$

となることが確かめられる．

P_1, P_2, P_3 のように，行基本変形を行なう行列を**行基本行列**という．上の例からわかるように，行基本行列は正方行列である．基本変形を行なった行列に逆の操作を行なうと，もとの行列にもどる．この逆の操作も基本変形の1つであるから，行基本行列で表わせる．したがって，<u>行基本行列は逆行列をもつ</u>(正則である)．

行基本行列(5.12)の逆行列は，それぞれ次の行列

$$P_1^{-1}=\begin{pmatrix} 1/s & 0 \\ 0 & 1 \end{pmatrix}, \quad P_2^{-1}=\begin{pmatrix} 1 & 0 \\ -s & 1 \end{pmatrix}, \quad P_3^{-1}=\begin{pmatrix} 0 & 1 \\ 1 & 0 \end{pmatrix} \tag{5.13}$$

であって，たとえば

$$P_1^{-1}P_1A=P_1P_1^{-1}A=A \tag{5.14}$$

などが成り立つ．読者は(5.13)が確かに(5.12)の逆の操作となることを検算してみるとよい．

列基本行列　行基本変形は，行基本行列を行列の左から掛けることによって行なわれた．これに対し，列に関する基本変形は，列基本行列とよばれる行列を右から掛けることによって行なわれる．2×2型行列を例にとれば，列基本変形は次のように表わされる．

(I)　1つの列を定数倍する(s 倍する)．

$$AQ_1=\begin{pmatrix} a_{11} & a_{12} \\ a_{21} & a_{22} \end{pmatrix}\begin{pmatrix} s & 0 \\ 0 & 1 \end{pmatrix}=\begin{pmatrix} sa_{11} & a_{12} \\ sa_{21} & a_{22} \end{pmatrix}$$

(II) 1つの列の定数倍を他の列に加える.

$$AQ_2 = \begin{pmatrix} a_{11} & a_{12} \\ a_{21} & a_{22} \end{pmatrix}\begin{pmatrix} 1 & s \\ 0 & 1 \end{pmatrix} = \begin{pmatrix} a_{11} & a_{12}+sa_{11} \\ a_{21} & a_{22}+sa_{21} \end{pmatrix}$$

(III) 1つの列と他の列を入れ替える.

$$AQ_3 = \begin{pmatrix} a_{11} & a_{12} \\ a_{21} & a_{22} \end{pmatrix}\begin{pmatrix} 0 & 1 \\ 1 & 0 \end{pmatrix} = \begin{pmatrix} a_{12} & a_{11} \\ a_{22} & a_{21} \end{pmatrix}$$

このように，2×2型行列 $A=(a_{ij})$ の第1列を s 倍する行列 Q_1，第1列の s 倍を第2列に加える行列 Q_2，列を入れ替える行列 Q_3 は，それぞれ**列基本行列**

$$Q_1 = \begin{pmatrix} s & 0 \\ 0 & 1 \end{pmatrix}, \quad Q_2 = \begin{pmatrix} 1 & s \\ 0 & 1 \end{pmatrix}, \quad Q_3 = \begin{pmatrix} 0 & 1 \\ 1 & 0 \end{pmatrix} \tag{5.15}$$

である．これらの列基本行列を右から掛けることによって列基本変形が行なわれる．

これらの列基本行列の逆行列は

$$Q_1^{-1} = \begin{pmatrix} 1/s & 0 \\ 0 & 1 \end{pmatrix}, \quad Q_2^{-1} = \begin{pmatrix} 1 & -s \\ 0 & 1 \end{pmatrix}, \quad Q_3^{-1} = \begin{pmatrix} 0 & 1 \\ 1 & 0 \end{pmatrix} \tag{5.16}$$

であり，たとえば

$$AQ_1Q_1^{-1} = AQ_1^{-1}Q_1 = A$$

などが成り立つ．

(5.1)の連立1次方程式

$$\begin{pmatrix} a_{11} & a_{12} \\ a_{21} & a_{22} \end{pmatrix}\begin{pmatrix} x \\ y \end{pmatrix} = \begin{pmatrix} c_1 \\ c_2 \end{pmatrix} \tag{5.17}$$

を考える．この式は，たとえば

$$\begin{pmatrix} a_{11} & a_{12} \\ a_{21} & a_{22} \end{pmatrix}Q_3Q_3^{-1}\begin{pmatrix} x \\ y \end{pmatrix} = \begin{pmatrix} c_1 \\ c_2 \end{pmatrix}$$

と同じである．ここで

$$Q_3^{-1}\begin{pmatrix} x \\ y \end{pmatrix} = \begin{pmatrix} y \\ x \end{pmatrix}, \quad \begin{pmatrix} a_{11} & a_{12} \\ a_{21} & a_{22} \end{pmatrix}Q_3 = \begin{pmatrix} a_{12} & a_{11} \\ a_{22} & a_{21} \end{pmatrix}$$

したがって(5.17)は

$$\begin{pmatrix} a_{12} & a_{11} \\ a_{22} & a_{21} \end{pmatrix}\begin{pmatrix} y \\ x \end{pmatrix} = \begin{pmatrix} c_1 \\ c_2 \end{pmatrix}$$

と同等であり，列基本行列 Q_3 は未知数 x と y を入れ替える操作を伴うことがわかる．同様に，列基本行列 Q_1, Q_2 も未知数 x, y に対するある演算を伴う．

[例 1] 上の Q_2 を用いると，(5.17)から

$$\begin{pmatrix} a_{11} & a_{12} \\ a_{21} & a_{22} \end{pmatrix} Q_2 Q_2{}^{-1} \begin{pmatrix} x \\ y \end{pmatrix} = \begin{pmatrix} c_1 \\ c_2 \end{pmatrix} \longrightarrow \begin{pmatrix} a_{11} & a_{12}+sa_{11} \\ a_{21} & a_{22}+sa_{21} \end{pmatrix}\begin{pmatrix} x-sy \\ y \end{pmatrix} = \begin{pmatrix} c_1 \\ c_2 \end{pmatrix}$$

と変形される．▎

[注意] n 次の行基本行列 P と列基本行列 Q により，n 次の正方行列 A を単位行列にすることができたとして，これを

$$PAQ = E_n \tag{5.18}$$

とする．(5.18)から，$QPA = E_n$ が得られる(121 ページ，演習問題 [5] 参照)．この式は A が行の基本変形だけで，すなわち，左から QP をかけるだけで単位行列に変形できることを示している．▎

行列の変形による逆行列の作り方 行基本行列を S とし，

$$SA = E_n$$

とすれば，S は A の逆行列であり，

$$A^{-1} = S = SE_n \tag{5.19}$$

これは A を単位行列に変形する行基本変形を E_n に行なうと A^{-1} が得られることを表わしている．具体的な計算では，A と E_n を並べた $n\times 2n$ 型行列

$$(A \mid E_n) \tag{5.20}$$

に対し，行の基本変形を行ない，左半分の A を E_n に変形したときの右半分が A^{-1} を与える．

[例 2] 行列

$$A = \begin{pmatrix} 2 & 1 \\ 1 & 3 \end{pmatrix}$$

の逆行列を計算しよう．(5.20)は

$$\left(\begin{array}{cc|cc} 2 & 1 & 1 & 0 \\ 1 & 3 & 0 & 1 \end{array}\right)$$

となる．第1行を1/2倍する．その後，第2行から第1行を引くと

$$\left(\begin{array}{cc:cc}1 & 1/2 & 1/2 & 0\\ 0 & 5/2 & -1/2 & 1\end{array}\right)$$

第1行から第2行の1/5倍を引き，その後，第2行を2/5倍すると

$$\left(\begin{array}{cc:cc}1 & 0 & 3/5 & -1/5\\ 0 & 1 & -1/5 & 2/5\end{array}\right)$$

これから

$$A^{-1} = \frac{1}{5}\begin{pmatrix} 3 & -1 \\ -1 & 2 \end{pmatrix}$$

となる．▎

問　題 5-2

1. A を(5.1)の係数行列とし，(5.1)を

$$A\boldsymbol{x} = \boldsymbol{c}, \qquad A = \begin{pmatrix} a_{11} & a_{12} \\ a_{21} & a_{22} \end{pmatrix}$$

と書く．ここで，$|A| = a_{11}a_{22} - a_{12}a_{21}$ を用いて

$$P_\alpha = \begin{pmatrix} 1 & 0 \\ -a_{21}/a_{11} & 1 \end{pmatrix}, \qquad P_\beta = \begin{pmatrix} 1 & -a_{11}a_{12}/|A| \\ 0 & 1 \end{pmatrix}, \qquad P_\gamma = \begin{pmatrix} 1/a_{11} & 0 \\ 0 & a_{11}/|A| \end{pmatrix}$$

とすれば，$P_\alpha A$, $P_\beta P_\alpha A$, $P_\gamma P_\beta P_\alpha A$ はそれぞれどのような行列になるか．これらを102ページの(i)から103ページの(iii′)までの操作と比べてみよ．また，

$$P_\gamma P_\beta P_\alpha = \begin{pmatrix} a_{22}/|A| & -a_{12}/|A| \\ -a_{21}/|A| & a_{11}/|A| \end{pmatrix} = A^{-1}$$

であり，(5.1)の解(5.7)は

$$\begin{pmatrix} x \\ y \end{pmatrix} = A^{-1}\boldsymbol{c}$$

となることを確かめよ．

2. 基本変形

$$\begin{pmatrix} 3 & 1 \\ -1 & 2 \\ 6 & 2 \end{pmatrix} \to \begin{pmatrix} 3 & 1 \\ -1 & 2 \\ 0 & 0 \end{pmatrix} \to \begin{pmatrix} 3 & 1 \\ 0 & 7/3 \\ 0 & 0 \end{pmatrix} \to \begin{pmatrix} 3 & 0 \\ 0 & 7/3 \\ 0 & 0 \end{pmatrix} \to \begin{pmatrix} 1 & 0 \\ 0 & 1 \\ 0 & 0 \end{pmatrix}$$

を確かめよ．

3.
$$Q_1=\begin{pmatrix} r & 0 & 0 \\ 0 & 1 & 0 \\ 0 & 0 & 1 \end{pmatrix},\qquad Q_2=\begin{pmatrix} 1 & 0 & r \\ 0 & 1 & 0 \\ 0 & 0 & 1 \end{pmatrix},\qquad Q_3=\begin{pmatrix} 0 & 0 & 1 \\ 0 & 1 & 0 \\ 1 & 0 & 0 \end{pmatrix}$$

は，それぞれどのような列基本行列か．また，逆行列はそれぞれ

$$Q_1^{-1}=\begin{pmatrix} 1/r & 0 & 0 \\ 0 & 1 & 0 \\ 0 & 0 & 1 \end{pmatrix},\qquad Q_2^{-1}=\begin{pmatrix} 1 & 0 & -r \\ 0 & 1 & 0 \\ 0 & 0 & 1 \end{pmatrix},\qquad Q_3^{-1}=\begin{pmatrix} 0 & 0 & 1 \\ 0 & 1 & 0 \\ 1 & 0 & 0 \end{pmatrix}$$

であることを確かめよ．

5-3 連立1次方程式の解の有無

いままでの連立1次方程式の扱いでは，解があるものと仮定してきた．しかし，連立1次方程式には，解をもたないもの，1組の解をもつもの，無限に多くの解をもつものの3種類がある．たとえば，x_1, x_2 を未知数とする連立1次方程式

$$\begin{cases} \quad x_1-x_2=0 \\ -x_1+x_2=1 \end{cases} \tag{5.21}$$

を満たす数 x_1, x_2 は存在しない，つまり，この方程式は解をもたない．また，連立1次方程式

$$\begin{cases} \quad x_1-x_2=0 \\ -x_1+x_2=0 \end{cases} \tag{5.22}$$

では，x_1 または x_2 のどちらかは任意の値でよい，つまり，解は無限にある．

n 個の未知数を含んだ一般の連立1次方程式について，解が存在する条件，ただ1組の解が決まる条件，解が無限個となる条件などを調べ，これらの解を作る方法を考えよう．

n 個の未知数に関する m 個の式

$$\begin{cases} a_{11}x_1+a_{12}x_2+\cdots+a_{1n}x_n=c_1 \\ a_{21}x_2+a_{22}x_2+\cdots+a_{2n}x_n=c_2 \\ \quad\cdots\cdots\cdots\cdots\cdots \\ a_{m1}x_1+a_{m2}x_2+\cdots+a_{mn}x_n=c_m \end{cases} \tag{5.23}$$

すなわち，n 元連立 1 次方程式を調べる.

未知数 $x_j (j=1, 2, \cdots, n)$ を成分とする列ベクトル $\boldsymbol{x} = (x_1, x_2, \cdots, x_n)^{\mathrm{T}}$ と，定数係数 $a_{ij} (i=1, 2, \cdots, m, \ j=1, 2, \cdots, n)$ を成分とする $m \times n$ 型行列 $A = (a_{ij})$ と，定数 $c_i (i=1, 2, \cdots, m)$ を成分とする列ベクトル $\boldsymbol{c} = (c_1, c_2, \cdots, c_m)^{\mathrm{T}}$ を使うと，(5.23) は

$$A\boldsymbol{x} = \boldsymbol{c} \tag{5.24}$$

と書ける．5-1 節では $m=n$ の場合，行の基本変形を行なって，A を

$$A' = \begin{pmatrix} 1 & & * \\ & \ddots & \\ 0 & & 1 \end{pmatrix} \tag{5.25}$$

の形に変形できるとした．この場合は，(5.25) を x_n から解いて，$x_{n-1}, x_{n-2}, \cdots, x_2, x_1$ をすべて求めることができる.

しかし行の基本変形で，A を (5.25) に近づけても，すべての対角成分が 1 にならない場合がある．たとえば (5.21) では，左下の成分を 0 にしようとすると

$$A = \begin{pmatrix} 1 & -1 \\ -1 & 1 \end{pmatrix} \quad \text{から} \quad A' = \begin{pmatrix} 1 & -1 \\ 0 & 0 \end{pmatrix}$$

となって，右下の対角成分が 0 になってしまう.

一般には，行の基本変形を行なって，対角成分を上から 1 にしていくと，最後にいくつかの対角成分が 0 になってしまう．すなわち一般には，行基本行列 P により，$m \times n$ 型行列を

$$PA = A' = \left. \begin{matrix} r \left\{ \begin{pmatrix} \overbrace{\begin{matrix} 1 & & 0 \\ & \ddots & \\ 0 & & 1 \end{matrix}}^{r} & B \\ \hline 0 & \begin{matrix} 0 & & \\ & \ddots & \\ & & 0 \end{matrix} \end{pmatrix} \right\}_{m-r} \\ \underbrace{}_{n-r} \end{matrix} \right. = \left(\begin{array}{c|c} E_r & B \\ \hline O & O \end{array} \right) \tag{5.26}$$

とすることができる（$n-r=0$ の場合および $m-r=0$ の場合を含む）．$B \neq 0$ の場合は，さらに列の基本変形を行なうことにより，$B=0$ にすることもできる.

行列の階数

一般に，$m \times n$ 型行列 A は，行基本行列 P と列基本行列 Q を使って，特殊な

$m\times n$ 型行列

$$PAQ = S_r = \left(\begin{array}{c:c} \overbrace{E_r}^{r\text{ 列}} & \overbrace{O}^{n-r\text{ 列}} \\ \hdashline O & O \end{array}\right)\begin{array}{l}\}\,r\text{ 行}\\ \}\,m-r\text{ 行}\end{array} \tag{5.27}$$

に変形できる($n-r=0$ の場合，および $m-r=0$ の場合を含む)．このとき，S_r を A の**標準形**，r を A の**階数**またはランクとよび，$r=\mathrm{rank}(A)$ と書く．

階数は，行列の型や行列式などと同じように，行列の特徴を表わす重要な量である．

(5.26)は列基本変形により $B=0$ にすることで標準形に直せるから，階数 r は(5.26)から直ちにわかる．そこで，(5.27)を標準形とよぶのに対し，(5.26)を**準標準形**とよぶことにしよう．後にみるように，連立1次方程式を解く問題は準標準形で間に合うので，準標準形も重要である．

行列の標準形を求める方法は1通りとは限らないことが次の例からもわかる．

[例 1]　行列 $A=\begin{pmatrix}0 & 2\\ 5 & 3\end{pmatrix}$ の標準形を導く方法を2通り考えよう．

(1)
$$\begin{pmatrix}0 & 2\\ 5 & 3\end{pmatrix} \xrightarrow[\text{行を加える}]{\text{第1行に第2}} \begin{pmatrix}5 & 5\\ 5 & 3\end{pmatrix} \xrightarrow[\text{1行を引く}]{\text{第2行から第}} \begin{pmatrix}5 & 5\\ 0 & -2\end{pmatrix} \xrightarrow[\text{で割る}]{\text{第1行を5}} \begin{pmatrix}1 & 1\\ 0 & -2\end{pmatrix}$$
$$\xrightarrow[\text{で割る}]{\text{第2行を}-2} \begin{pmatrix}1 & 1\\ 0 & 1\end{pmatrix} \xrightarrow[\text{2行を引く}]{\text{第1行から第}} \begin{pmatrix}1 & 0\\ 0 & 1\end{pmatrix} \quad \text{標準形 (階数 2)}$$

(2)
$$\begin{pmatrix}0 & 2\\ 5 & 3\end{pmatrix} \xrightarrow[\text{で割る}]{\text{第2行を5}} \begin{pmatrix}0 & 2\\ 1 & 3/5\end{pmatrix} \xrightarrow[\text{を入れかえる}]{\text{第1行と第2行}} \begin{pmatrix}1 & 3/5\\ 0 & 2\end{pmatrix}$$
$$\xrightarrow[\text{で割る}]{\text{第2行を2}} \begin{pmatrix}1 & 3/5\\ 0 & 1\end{pmatrix} \xrightarrow[\text{行の3/5を引く}]{\text{第1行から第2}} \begin{pmatrix}1 & 0\\ 0 & 1\end{pmatrix} \quad \text{標準形 (階数 2)}$$

階数の性質　(1)　行列の階数は，これを標準化する方法によらない，行列に固有な定数である(証明は略す)．上の例では，2通りの方法をとったが，階数は同じ $r=2$ が得られた．

(2)　転置を作っても階数は不変である．すなわち

$$\mathrm{rank}(A^{\mathrm{T}}) = \mathrm{rank}(A) \tag{5.28a}$$

実際，$PAQ=S_r$(標準形)の転置を作ると，$Q^{\mathrm{T}}A^{\mathrm{T}}P^{\mathrm{T}}=S_r{}^{\mathrm{T}}=S_r$. これは A^{T} の階数が S_r, A の階数と同じであることを表わしている．

(3) R を正則な m 次行列，S を正則な n 次正方行列とすると

$$\mathrm{rank}(RAS)=\mathrm{rank}(A) \tag{5.28b}$$

実際，$PAQ=S_r$(標準形)とすれば，書きかえて $PR^{-1}(RAS)S^{-1}Q=S_r$. ここで $PR^{-1}, S^{-1}Q$ は逆行列 $RP^{-1}, Q^{-1}S$ をもつから，それぞれ正則行列である．したがって RAS は PR^{-1} と $S^{-1}Q$ によって標準形に変形され，その階数は S_r, A の階数 r に等しい．

例題 5.3 次の行列の標準形と階数を求めよ．

(1) $(2,0,3)$ (2) $\begin{pmatrix} 1 & 0 & -1 \\ -1 & 2 & 1 \end{pmatrix}$

(3) $\begin{pmatrix} 1 & -1 \\ -1 & 1 \end{pmatrix}$ (対称行列) (4) $\begin{pmatrix} 1 & 0 & 1 \\ 1 & 1 & 1 \\ 1 & 1 & 0 \end{pmatrix}$

[解] ローマ数字 I, II, III で行または列の基本変形の種類を表わせば，

(1) $(2,0,3) \xrightarrow{\mathrm{III}} (2,3,0) \xrightarrow{\mathrm{II}} (1,0,0)$ 階数 1

(2) $\begin{pmatrix} 1 & 0 & -1 \\ -1 & 2 & 1 \end{pmatrix} \xrightarrow{\mathrm{II}} \begin{pmatrix} 1 & 0 & 0 \\ -1 & 2 & 0 \end{pmatrix}$

$$\xrightarrow{\mathrm{II}} \begin{pmatrix} 1 & 0 & 0 \\ 0 & 2 & 0 \end{pmatrix} \xrightarrow{\mathrm{I}} \begin{pmatrix} 1 & 0 & 0 \\ 0 & 1 & 0 \end{pmatrix} \quad \text{階数 } 2$$

(3) $\begin{pmatrix} 1 & -1 \\ -1 & 1 \end{pmatrix} \xrightarrow{\mathrm{II}} \begin{pmatrix} 1 & -1 \\ 0 & 0 \end{pmatrix} \xrightarrow{\mathrm{II}} \begin{pmatrix} 1 & 0 \\ 0 & 0 \end{pmatrix}$ 階数 1

(4) $\begin{pmatrix} 1 & 0 & 1 \\ 1 & 1 & 1 \\ 1 & 1 & 0 \end{pmatrix} \xrightarrow{\mathrm{II}} \begin{pmatrix} 1 & 0 & 1 \\ 0 & 1 & 1 \\ 0 & 1 & 0 \end{pmatrix} \xrightarrow{\mathrm{II}} \begin{pmatrix} 1 & 0 & 1 \\ 0 & 0 & 1 \\ 0 & 1 & 0 \end{pmatrix}$

$$\xrightarrow{\mathrm{II}} \begin{pmatrix} 1 & 0 & 0 \\ 0 & 0 & 1 \\ 0 & 1 & 0 \end{pmatrix} \xrightarrow{\mathrm{III}} \begin{pmatrix} 1 & 0 & 0 \\ 0 & 1 & 0 \\ 0 & 0 & 1 \end{pmatrix} \quad \text{階数 } 3$$ ▎

任意性のある解

A を $m\times n$ 型行列とし，方程式 $A\boldsymbol{x}=\boldsymbol{c}$ (5.24) の両辺に行基本行列 P を掛けると $PA\boldsymbol{x}=P\boldsymbol{c}$ となる．この P を，(5.26) において A を準標準形 A' に変える基本行列とすれば，A の階数が r であるとき

$$A'\boldsymbol{x}=\boldsymbol{c}', \quad \boldsymbol{c}'=P\boldsymbol{c}$$

$$A'=PA=\left(\begin{array}{c:c} \overbrace{E_r}^{r\text{ 列}} & \overbrace{B}^{n-r\text{ 列}} \\ \hdashline O & O \end{array}\right)\begin{matrix}\}r\text{ 行} \\ \}m-r\text{ 行}\end{matrix} \tag{5.29}$$

となる．ここで，$\boldsymbol{c}'=P\boldsymbol{c}$ は定数ベクトル，E_r は r 次の単位ベクトル，A' も B も定数行列である．

(5.29) の第 1 式は成分に分けて，r 行の方程式

$$\begin{pmatrix} x_1 \\ x_2 \\ \vdots \\ x_r \end{pmatrix}+B\begin{pmatrix} x_{r+1} \\ x_{r+2} \\ \vdots \\ x_n \end{pmatrix}=\begin{pmatrix} c_1' \\ c_2' \\ \vdots \\ c_r' \end{pmatrix} \tag{5.30}$$

と $n-r$ 行の方程式

$$O\begin{pmatrix} x_{r+1} \\ x_{r+2} \\ \vdots \\ x_n \end{pmatrix}=\begin{pmatrix} c_{r+1}' \\ c_{r+2}' \\ \vdots \\ c_m' \end{pmatrix} \tag{5.30$'$}$$

とに分けて考えることができる．したがって，c_{r+1}', c_{r+2}', $\cdots$, c_m' が 0 ならば，$n-r$ 個の変数 x_{r+1}, x_{r+2}, $\cdots$, x_n は任意に選ぶことができる．これらを $x_{r+1}=t_1$, $x_{r+2}=t_2,\cdots$, $x_n=t_{n-r}$ とおけば，解は

$$\begin{gathered} \begin{pmatrix} x_{r+1} \\ x_{r+2} \\ \vdots \\ x_n \end{pmatrix}=\begin{pmatrix} t_1 \\ t_2 \\ \vdots \\ t_{n-r} \end{pmatrix}=\text{任意定数} \\ \begin{pmatrix} x_1 \\ x_2 \\ \vdots \\ x_r \end{pmatrix}=\begin{pmatrix} c_1' \\ c_2' \\ \vdots \\ c_r' \end{pmatrix}-B\begin{pmatrix} t_1 \\ t_2 \\ \vdots \\ t_{n-r} \end{pmatrix} \end{gathered} \tag{5.31}$$

で与えられ，この解を**自由度** $n-r$ をもつ解という．

このようにして次のことがわかる(次の例題5.4および例題5.5参照)．

n 元 m 次連立方程式 $A\boldsymbol{x}=\boldsymbol{c}$ (5.24)の係数行列 A を変形して(5.29)の A' の形にしたとき($\mathrm{rank}(A)=r$)，

$$c_{r+1}'=c_{r+2}'=\cdots=c_m'=0 \tag{5.32}$$

が成り立てば，方程式は自由度 $n-r$ の解(5.31)をもつ．また，(5.32)が成り立たないとき($c_{r+1}', c_{r+2}', \cdots, c_m'$ の中に0でないものがあるとき)，方程式(5.24)は解をもたない．

この連立方程式の解法は，すでに述べたガウスの消去法(105ページ)の一般的な場合である．

例題5.4 次の連立方程式は解をもつか．もつときはその解を求めよ．

(1) $\begin{cases} 2x_1+x_2=1 \\ -x_1+x_2=2 \end{cases}$ (2) $\begin{cases} x_1-x_2=1 \\ -x_1+x_2=1 \end{cases}$

(3) $\begin{cases} x_1-2x_2+x_3=1 \\ x_1+x_2+2x_3=0 \\ 3x_1-3x_2+4x_3=2 \end{cases}$

[解] (1) $m=n=2$ であり，(5.24)は

$$\begin{pmatrix} 2 & 1 \\ -1 & 1 \end{pmatrix}\begin{pmatrix} x_1 \\ x_2 \end{pmatrix}=\begin{pmatrix} 1 \\ 2 \end{pmatrix}$$

となる．左辺の行列と右辺のベクトルの第1行を2で割り，その後それぞれ第2行に加えると

$$\begin{pmatrix} 1 & 1/2 \\ 0 & 3/2 \end{pmatrix}\begin{pmatrix} x_1 \\ x_2 \end{pmatrix}=\begin{pmatrix} 1/2 \\ 5/2 \end{pmatrix} \tag{5.33}$$

となる．(5.33)で第2行を1/3倍し，第1行から引き，その後で第2行を2/3倍すれば

$$\begin{pmatrix} 1 & 0 \\ 0 & 1 \end{pmatrix}\begin{pmatrix} x_1 \\ x_2 \end{pmatrix}=\begin{pmatrix} -1/3 \\ 5/3 \end{pmatrix}$$

となる．したがって，解は $(x_1, x_2)^{\mathrm{T}}=(-1/3, 5/3)^{\mathrm{T}}$ となる．

(2) 方程式は

$$\begin{pmatrix} 1 & -1 \\ -1 & 1 \end{pmatrix}\begin{pmatrix} x_1 \\ x_2 \end{pmatrix} = \begin{pmatrix} 1 \\ 1 \end{pmatrix}$$

と書ける．第1行を第2行に加えると

$$\begin{pmatrix} 1 & -1 \\ 0 & 0 \end{pmatrix}\begin{pmatrix} x_1 \\ x_2 \end{pmatrix} = \begin{pmatrix} 1 \\ 2 \end{pmatrix} \tag{5.34}$$

となる．これは(5.29)で $r=1$，$B=-1$，$\mathbf{c}'=(1,2)^{\mathrm{T}}$ となっている．(5.34)を(5.30)のように分割すると

$$\begin{cases} 1\cdot x_1+(-1)\cdot x_2 = 1 \\ \qquad\qquad\qquad\quad 0 = 2 \end{cases}$$

となり，第2式はどのような x_1, x_2 に対しても成立しない．したがって，(2)の方程式は解をもたない．

(3)　方程式は

$$\begin{pmatrix} 1 & -2 & 1 \\ 1 & 1 & 2 \\ 3 & -3 & 4 \end{pmatrix}\begin{pmatrix} x_1 \\ x_2 \\ x_3 \end{pmatrix} = \begin{pmatrix} 1 \\ 0 \\ 2 \end{pmatrix}$$

と書ける．第2行から第1行を引き，第3行から第1行の3倍を引くと

$$\begin{pmatrix} 1 & -2 & 1 \\ 0 & 3 & 1 \\ 0 & 3 & 1 \end{pmatrix}\begin{pmatrix} x_1 \\ x_2 \\ x_3 \end{pmatrix} = \begin{pmatrix} 1 \\ -1 \\ -1 \end{pmatrix}$$

第3行から第2行を引き，第1行に第2行の2/3倍を加えると

$$\begin{pmatrix} 1 & 0 & 5/3 \\ 0 & 3 & 1 \\ 0 & 0 & 0 \end{pmatrix}\begin{pmatrix} x_1 \\ x_2 \\ x_3 \end{pmatrix} = \begin{pmatrix} 1/3 \\ -1 \\ 0 \end{pmatrix}$$

さらに，第2行を3で割って

$$\begin{pmatrix} 1 & 0 & 5/3 \\ 0 & 1 & 1/3 \\ 0 & 0 & 0 \end{pmatrix}\begin{pmatrix} x_1 \\ x_2 \\ x_3 \end{pmatrix} = \begin{pmatrix} 1/3 \\ -1/3 \\ 0 \end{pmatrix}$$

となる．(5.30)，(5.30′)は

$$\begin{pmatrix} x_1 \\ x_2 \end{pmatrix} + \begin{pmatrix} 5/3 \\ 1/3 \end{pmatrix} x_3 = \begin{pmatrix} 1/3 \\ -1/3 \end{pmatrix}$$

$$0\cdot x_3 = 0$$

となり，x_3 は任意で，(5.31)の形の解

$$\begin{pmatrix} x_1 \\ x_2 \end{pmatrix} = \begin{pmatrix} 1/3 \\ -1/3 \end{pmatrix} - \begin{pmatrix} 5/3 \\ 1/3 \end{pmatrix} t$$

$$x_3 = t \qquad (t \text{ は任意})$$

が得られる．❙

同次方程式

同次方程式 $a_{11}x_1 + a_{12}x_2 = 0$，$a_{21}x_1 + a_{22}x_2 = 0$，すなわち

$$A = \begin{pmatrix} a_{11} & a_{12} \\ a_{21} & a_{22} \end{pmatrix}, \qquad A\boldsymbol{x} = A\begin{pmatrix} x_1 \\ x_2 \end{pmatrix} = 0 \tag{5.35}$$

の解の有無は，次のように調べられる．

A が基本変形により(5.26)の準標準形 $A' = PA$ になったとする．この場合，$\boldsymbol{c} = 0$，$\boldsymbol{c}' = P\boldsymbol{c} = 0$ なので，上の同次方程式は $A'\boldsymbol{x} = 0$ となる．

(i) A の階数が2ならば，$A'\boldsymbol{x} = 0$ は，a を定数として

$$A'\begin{pmatrix} x_1 \\ x_2 \end{pmatrix} = \begin{pmatrix} 1 & a \\ 0 & 1 \end{pmatrix}\begin{pmatrix} x_1 \\ x_2 \end{pmatrix} = 0 \tag{5.36}$$

となる．これは自明な解 $x_1 = 0$，$x_2 = 0$ 以外に解をもたない．

(ii) A の階数が1ならば，$A'\boldsymbol{x} = 0$ は

$$A'\begin{pmatrix} x_1 \\ x_2 \end{pmatrix} = \begin{pmatrix} 1 & a \\ 0 & 0 \end{pmatrix}\begin{pmatrix} x_1 \\ x_2 \end{pmatrix} = 0 \tag{5.37}$$

となり，自明な解のほかに解 $x_2 = t$，$x_1 = -at$ (t は任意)をもつ．

(iii) A の階数が0ならば，$A'\boldsymbol{x} = 0$ は

$$A'\begin{pmatrix} x_1 \\ x_2 \end{pmatrix} = \begin{pmatrix} 0 & 0 \\ 0 & 0 \end{pmatrix}\begin{pmatrix} x_1 \\ x_2 \end{pmatrix} = 0 \tag{5.38}$$

となり，自明な解のほかに解 $x_1 = t_1$ (任意)，$x_2 = t_2$ (任意)をもつ．しかし，この場合は $A = P^{-1}A'$ はすべての要素が0の行列であって，もともとこの同次方程式は意味をもたない．

このように，A が 2×2 型行列のとき，A の階数を r とすれば，同次方程式 $A\boldsymbol{x} = 0$ は $2-r$ の自由度をもつ．この同次方程式が自明でない解をもつために

は，$r<2$ でなければならない．これを一般化すれば次のことがわかる．

一般に，A が $n\times n$ 型行列のとき A の階数を r とすれば，同次方程式 $A\boldsymbol{x}=0$ $(\boldsymbol{x}=(x_1,x_2,\cdots,x_n)^{\mathrm{T}})$ は $n-r$ の自由度をもつ．この同次方程式が自明でない解をもつためには，$r<n$ でなければならない(同次方程式は $n-r$ 個の1次独立な自明でない解をもつ)．

問　題 5-3

1. 次の行列の階数を求めよ．

(1) $\begin{pmatrix}1\\0\\2\end{pmatrix}$　　(2) $\begin{pmatrix}3&2\\1&1\end{pmatrix}$　　(3) $\begin{pmatrix}2&2&1\\1&0&3\\0&1&1\end{pmatrix}$

2. A を n 次正方行列とするとき，$|A|\neq 0$ は $\mathrm{rank}(A)=n$ と同等であることを示せ．［ヒント：(5.27)を使う．］

3. $\boldsymbol{a}$ を $n\times 1$ 型行列で $\boldsymbol{a}\neq 0$ とする．$\mathrm{rank}\,(\boldsymbol{a})=1$ を示せ．

第5章演習問題

[1] 次の連立1次方程式は解をもつか．もつ場合は解を求めよ．

(1) $\begin{cases}x_1+2x_2=4\\x_1+x_2=3\\x_1+3x_2=5\end{cases}$　　(2) $\begin{cases}2x_1+2x_2+x_3=9\\x_1-x_2+2x_3+2x_4=5\\x_1+2x_2-x_3-x_4=2\end{cases}$

(3) $\begin{cases}x_1+x_2+x_3=0\\x_1+px_2+x_3=0\\px_1+x_2=0\end{cases}$　　(p は実数)

[2] X を未知の2次正方行列，$A=\begin{pmatrix}1&2\\-1&0\end{pmatrix}$ とするとき，方程式

$$AX-XA=0$$

の解を求めよ．

[3] 行列 A が逆行列をもつとき，A を単位行列 E にかえる行基本変形 $P_1, P_2, \cdots, P_r$ $(P_r \cdots P_2 P_1 A = E)$ を同じ順で E にほどこせば，A の逆行列 A^{-1} を得ることを示せ（これは 110 ページの方法と同じことである）．

[4] 上の方法で

$$A = \begin{pmatrix} 1 & 1 & 1 \\ 3 & 4 & 8 \\ 2 & 2 & 1 \end{pmatrix}$$

の逆行列を求めよ（第 4 章演習問題 [2] 参照）．

[5] P を行基本行列，Q を列基本行列，A と B を正方行列，E を単位行列とする．

$$PA = E, \quad BQ = E$$

ならば

$$AP = E, \quad QB = E$$

であることを示せ．

Coffee Break

マトリックス力学

20世紀のはじめ，古典力学では説明できない現象がつぎつぎに発見された頃，今でいう量子力学を古典力学から創造しようとしたハイゼンベルグは，マトリックス力学を創り上げた．これによれば，電子の位置座標 x と運動量 p はそれぞれ，ある行列であるとする．そうすると，古典力学の形式を借りながら，古典力学とはちがった力学ができることをハイゼンベルグは示し，これを用いて単振動のエネルギーが不連続であることなどを導き，マトリックス力学の有効性を証明したのであった(1925年)．

翌年にシュレーディンガーは，電子が波であるとして波動力学を創造し，これが実測される水素のスペクトルなどをよく説明できることを示した．こうして全く形式のちがう量子力学が2つできたのであるが，間もなく，マトリックス力学と波動力学は同等なものであることが示され，量子力学が確立されたのである．

シュレーディンガーの波動力学でいう固有関数の n 番目のものを φ_n とし，その複素共役を $\bar{\varphi}_n$ とし，物理量を $A(x,p)$ とするとき($\hbar=h/2\pi$, h はプランク定数，$i=\sqrt{-1}$)，

$$A_{mn}=\int\bar{\varphi}_m(x)A\left(x,\frac{\hbar}{i}\frac{\partial}{\partial x}\right)\varphi_n(x)dx$$

を m,n 成分とする行列が，ハイゼンベルグのマトリックス力学における物理量 A を表わす行列である．

このようにして，偏微分方程式で書かれるシュレーディンガーの波動力学と，行列で書かれるハイゼンベルグのマトリックス力学が同等であることが示されるのである．

6

直交変換と固有値

楽器や鐘などは，振動してそれぞれ固有の音を出す．物体の振動は，複雑に見えるときでも，その物体に固有ないくつかの振動の重ね合わせであることが多い．一見複雑に見える事柄，図形，あるいは方程式や行列でも，見方を変えたり，適当に座標変換などをしてみると，極めて単純化されて，理解しやすくなることがある．与えられた行列の固有な性質を見出す方法を調べよう．

6-1 直交変換

原点を共有する2つの直交座標系の間の変換を**直交変換**という．2次元の場合 O-xy 系と O-$x'y'$ 系の間の直交変換は（(1.14)式参照）

$$\begin{pmatrix} x \\ y \end{pmatrix} = \begin{pmatrix} \cos\theta & -\sin\theta \\ \sin\theta & \cos\theta \end{pmatrix} \begin{pmatrix} x' \\ y' \end{pmatrix} \tag{6.1}$$

であり，逆の変換は

$$\begin{pmatrix} x' \\ y' \end{pmatrix} = \begin{pmatrix} \cos\theta & \sin\theta \\ -\sin\theta & \cos\theta \end{pmatrix} \begin{pmatrix} x \\ y \end{pmatrix} \tag{6.2}$$

である．これらの関係式は

$$\boldsymbol{x} = \begin{pmatrix} x \\ y \end{pmatrix}, \qquad \boldsymbol{x}' = \begin{pmatrix} x' \\ y' \end{pmatrix}$$

$$U = \begin{pmatrix} u_{11} & u_{12} \\ u_{21} & u_{22} \end{pmatrix}, \qquad U^{\mathrm{T}} = \begin{pmatrix} u_{11} & u_{21} \\ u_{12} & u_{22} \end{pmatrix} \tag{6.3}$$

$$u_{11} = u_{22} = \cos\theta, \qquad u_{21} = -u_{12} = \sin\theta$$

を用いて

$$\boldsymbol{x} = U\boldsymbol{x}', \qquad \boldsymbol{x}' = U^{\mathrm{T}}\boldsymbol{x} \tag{6.4}$$

と書かれる．ここで

$$UU^{\mathrm{T}} = U^{\mathrm{T}}U = E = \begin{pmatrix} 1 & 0 \\ 0 & 1 \end{pmatrix} \tag{6.5}$$

が成り立つ．したがって，U の逆行列は U の転置行列 U^{T} である．

$$U^{-1} = U^{\mathrm{T}} \tag{6.6}$$

このとき，$|U|=|U^{\mathrm{T}}|=1$ であることを注意しておこう．

(6.5)式を成分で書けば

$$\left.\begin{aligned} {u_{11}}^2+{u_{12}}^2 &= 1 \\ {u_{21}}^2+{u_{22}}^2 &= 1 \\ u_{21}u_{11}+u_{22}u_{12} &= 0 \end{aligned}\right\}, \qquad \left.\begin{aligned} {u_{11}}^2+{u_{21}}^2 &= 1 \\ {u_{12}}^2+{u_{22}}^2 &= 1 \\ u_{12}u_{11}+u_{22}u_{21} &= 0 \end{aligned}\right\} \tag{6.7}$$

となる．

このようなことは3次元以上の座標変換についてもあてはまる．これを3次元空間の場合について示そう．

直交座標系 O-xyz における右手系基本ベクトルを $\boldsymbol{e}_1, \boldsymbol{e}_2, \boldsymbol{e}_3$ とし，直交座標系 O-$x'y'z'$ における右手系基本ベクトルを $\boldsymbol{e}_1', \boldsymbol{e}_2', \boldsymbol{e}_3'$ として，これらの間の関係を

$$\begin{aligned} \boldsymbol{e}_1' &= u_{11}\boldsymbol{e}_1+u_{21}\boldsymbol{e}_2+u_{31}\boldsymbol{e}_3 \\ \boldsymbol{e}_2' &= u_{12}\boldsymbol{e}_1+u_{22}\boldsymbol{e}_2+u_{32}\boldsymbol{e}_3 \\ \boldsymbol{e}_3' &= u_{13}\boldsymbol{e}_1+u_{23}\boldsymbol{e}_2+u_{33}\boldsymbol{e}_3 \end{aligned} \tag{6.8}$$

とする．1つの点Pの O-xyz 系における座標は (x, y, z) であり，O-$x'y'z'$ 系における座標は (x', y', z') であるとしよう．同じ位置ベクトルを2つの座標系で表わせば

$$x\boldsymbol{e}_1+y\boldsymbol{e}_2+z\boldsymbol{e}_3 = x'\boldsymbol{e}_1'+y'\boldsymbol{e}_2'+z'\boldsymbol{e}_3' \tag{6.9}$$

の関係が得られる．この式の右辺に(6.8)を代入すると

$$\begin{aligned} x'\boldsymbol{e}_1'+y'\boldsymbol{e}_2'+z'\boldsymbol{e}_3' &= (u_{11}x'+u_{12}y'+u_{13}z')\boldsymbol{e}_1 \\ &\quad +(u_{21}x'+u_{22}y'+u_{23}z')\boldsymbol{e}_2 \\ &\quad +(u_{31}x'+u_{32}y'+u_{33}z')\boldsymbol{e}_3 \\ &= x\boldsymbol{e}_1+y\boldsymbol{e}_2+z\boldsymbol{e}_3 \end{aligned} \tag{6.10}$$

したがって，$\boldsymbol{e}_1$ などの係数を比べ

$$x = u_{11}x'+u_{12}y'+u_{13}z' \tag{6.11}$$

などの関係が成り立つ．これをまとめると

$$\begin{pmatrix} x \\ y \\ z \end{pmatrix} = \begin{pmatrix} u_{11} & u_{12} & u_{13} \\ u_{21} & u_{22} & u_{23} \\ u_{31} & u_{32} & u_{33} \end{pmatrix} \begin{pmatrix} x' \\ y' \\ z' \end{pmatrix} \tag{6.12}$$

となる．ベクトルを

$$\boldsymbol{x} = \begin{pmatrix} x \\ y \\ z \end{pmatrix}, \qquad \boldsymbol{x}' = \begin{pmatrix} x' \\ y' \\ z' \end{pmatrix} \tag{6.13}$$

と書けば，変換は

$$\boldsymbol{x} = U\boldsymbol{x}', \qquad U = \begin{pmatrix} u_{11} & u_{12} & u_{13} \\ u_{21} & u_{22} & u_{23} \\ u_{31} & u_{32} & u_{33} \end{pmatrix} \tag{6.14}$$

となる．変換行列 $U=(u_{jk})$ は9個の成分をもつが，座標系 $O\text{-}xyz$ に対して新しい座標系 $O\text{-}x'y'z'$ の傾きをきめるには，たとえば，z' 軸の方向を定めるのに $O\text{-}xyz$ 系の極座標の角度座標 θ, φ を用いればよく，これを定めたとき，さらに z' 軸に垂直な平面内で x' 軸の方向をきめる角度を含め，合計3個の係数があれば十分である．

したがって，$U=(u_{jk})$ の9個の成分の中で3個だけが独立なわけである．そのため9個の成分 u_{jk} の間には6個の関係式が存在するはずである．これらの関係式は(6.8)から次のようになる．

$$\begin{aligned} \boldsymbol{e}_1'\cdot\boldsymbol{e}_1' &= u_{11}{}^2+u_{21}{}^2+u_{31}{}^2 = 1 \\ \boldsymbol{e}_2'\cdot\boldsymbol{e}_2' &= u_{12}{}^2+u_{22}{}^2+u_{32}{}^2 = 1 \\ \boldsymbol{e}_3'\cdot\boldsymbol{e}_3' &= u_{13}{}^2+u_{23}{}^2+u_{33}{}^2 = 1 \\ \boldsymbol{e}_1'\cdot\boldsymbol{e}_2' &= u_{11}u_{12}+u_{21}u_{22}+u_{31}u_{32} = 0 \\ \boldsymbol{e}_2'\cdot\boldsymbol{e}_3' &= u_{12}u_{13}+u_{22}u_{23}+u_{32}u_{33} = 0 \\ \boldsymbol{e}_3'\cdot\boldsymbol{e}_1' &= u_{13}u_{11}+u_{23}u_{21}+u_{33}u_{31} = 0 \end{aligned} \tag{6.15}$$

これらは，2次元の場合の(6.7)の右の式に相当する式である．

U の転置行列

$$U^{\mathrm{T}} = \begin{pmatrix} u_{11} & u_{21} & u_{31} \\ u_{12} & u_{22} & u_{32} \\ u_{13} & u_{23} & u_{33} \end{pmatrix} \tag{6.16}$$

を用いると，すこし計算して(6.15)は

$$U^{\mathrm{T}}U = E \tag{6.17}$$

と書かれることが確かめられる．

さて，(6.17)の両辺の行列式を作ると，行列の積の行列式は行列式の積に等しく，転置行列の行列式はもとの行列の行列式に等しいから

$$|U^{\mathrm{T}}U| = |U^{\mathrm{T}}||U| = |U|^2 = 1 \tag{6.18}$$

したがって，$|U|$ は $+1$ か，-1 である．しかし，2 つの座標系は共に右手系であるとしているので，連続的に O-$x'y'z'$ 系を動かして O-xyz 系に重ね合わせることができる．このとき，U の成分は連続的に変化するので $|U|$ も不連続な変化をすることはない．そして，O-$x'y'z'$ 系が O-xyz 系に一致したときは $|U| = |E_3| = 1$ であるから，つねに

$$|U| = 1 \tag{6.19}$$

が成り立っていることになる．このように，$U^{\mathrm{T}}U = E$ を満たす行列を**直交行列**という．直交変換の変換行列は直交行列である．

逆変換　(6.19)により直交行列 U の行列式は 1 であって，0 でない．88 ページによれば，行列式が 0 でない行列には逆行列がただ 1 つ存在するから，U の逆行列は U^{T} だけである．したがって

$$U^{-1} = U^{\mathrm{T}} \tag{6.20}$$

であり，

$$UU^{\mathrm{T}} = U^{\mathrm{T}}U = E_3 = \begin{pmatrix} 1 & 0 & 0 \\ 0 & 1 & 0 \\ 0 & 0 & 1 \end{pmatrix} \tag{6.21}$$

が成り立つ．そして(6.14)の逆をとれば

$$\boldsymbol{x}' = U^{\mathrm{T}}\boldsymbol{x} \tag{6.22}$$

となる．これが直交座標系の変換(6.14)の逆変換を与える式である．

(6.21)の第 2 式 $U^{\mathrm{T}}U = E_3$ は，クロネッカーの記号 δ_{kl} を用いると

$$\sum_{j=1}^{3} u_{jk}u_{jl} = \delta_{kl} = \begin{cases} 1 & (k=l) \\ 0 & (k \neq l) \end{cases} \tag{6.23}$$

と書ける．これは(6.17)にほかならない(前の添字についての和であることに注意)．(6.21)の第 1 式 $UU^{\mathrm{T}} = E_3$ は

$$\sum_{j=1}^{3} u_{kj}u_{lj} = \delta_{kl} \tag{6.24}$$

である(後の添字についての和であることに注意)．これを $k, l=1,2,3$ について書き下すと

$$\begin{aligned} u_{11}^2+u_{12}^2+u_{13}^2 &= 1 \\ u_{21}^2+u_{22}^2+u_{23}^2 &= 1 \\ u_{31}^2+u_{32}^2+u_{33}^2 &= 1 \\ u_{11}u_{21}+u_{12}u_{22}+u_{13}u_{23} &= 0 \\ u_{21}u_{31}+u_{22}u_{32}+u_{23}u_{33} &= 0 \\ u_{31}u_{11}+u_{32}u_{12}+u_{33}u_{13} &= 0 \end{aligned} \tag{6.25}$$

となる(これらはそれぞれ $\boldsymbol{e}_1\cdot\boldsymbol{e}_1=\boldsymbol{e}_2\cdot\boldsymbol{e}_2=\boldsymbol{e}_3\cdot\boldsymbol{e}_3=1$，$\boldsymbol{e}_1\cdot\boldsymbol{e}_2=\boldsymbol{e}_2\cdot\boldsymbol{e}_3=\boldsymbol{e}_3\cdot\boldsymbol{e}_1=0$ と同じことである)が，上の計算からわかるように，(6.15)から導かれるもので，(6.15)と独立な関係式ではない．

問　題 6-1

1. 平面上の座標系 O-xy に対し，$\theta=30°$ 傾いた座標系を O-$x'y'$ とする．(x, y) を (x', y') で表わす変換行列 U を求めよ．また，この逆行列を求めよ．

2. 座標系 O-xyz の基本ベクトルを $\boldsymbol{e}_1, \boldsymbol{e}_2, \boldsymbol{e}_3$ とし，これらを列ベクトルとして並べた行列を $(\boldsymbol{e}_1, \boldsymbol{e}_2, \boldsymbol{e}_3)$ とする．また，座標系 O-$x'y'z'$ の基本ベクトルを $\boldsymbol{e}_1', \boldsymbol{e}_2', \boldsymbol{e}_3'$ とするとき

$$(\boldsymbol{e}_1', \boldsymbol{e}_2', \boldsymbol{e}_3') = U(\boldsymbol{e}_1, \boldsymbol{e}_2, \boldsymbol{e}_3)$$

が成り立つ．これから $|U|=1$ であることを導け．

6-2　固有振動

x を時間の関数とするとき，2 階の微分方程式

$$\frac{d^2x}{dt^2} = -\omega_0{}^2x \qquad (\omega_0 \text{ は定数}) \tag{6.26}$$

(これは単振動を表わす運動方程式である)の解は，$x=A\sin(\omega_0 t+\varphi)$ (A と φ

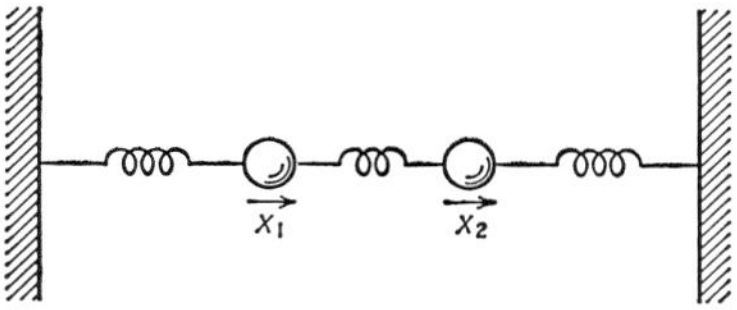

図 6-1

は定数)と書ける．2つの振動子が図 6-1 のようにバネで結ばれた体系を考えると，その運動方程式は次のように書ける．

$$\begin{cases} \dfrac{d^2x_1}{dt^2} = -\omega_0{}^2x_1+\varepsilon(x_2-x_1) \\ \dfrac{d^2x_2}{dt^2} = -\omega_0{}^2x_2+\varepsilon(x_1-x_2) \end{cases}$$

ここで ε は2つの振動系を結ぶバネの強さを表わす定数である．簡単のため，$\omega_0{}^2+\varepsilon=1$ とすると，

$$\begin{cases} \dfrac{d^2x_1}{dt^2} = -x_1+\varepsilon x_2 \\ \dfrac{d^2x_2}{dt^2} = -x_2+\varepsilon x_1 \end{cases} \tag{6.27}$$

固有振動　相互作用をしているいくつかの振動子が同じ振動数で振動するとき，これを**規準振動**(モード)，あるいは**固有振動**という．振動子系(6.27)の固有振動を求めるため，その角振動数(未知)を ω として

$$x_1 = r_1\sin\omega t, \qquad x_2 = r_2\sin\omega t$$

(r_1 と r_2 は定数)とおくと

$$\frac{d^2x_1}{dt^2} = -\omega^2x_1, \qquad \frac{d^2x_2}{dt^2} = -\omega^2x_2$$

が成り立つ．したがって(6.27)は

$$\begin{cases} r_1-\varepsilon r_2 = \omega^2r_1 \\ -\varepsilon r_1+r_2 = \omega^2r_2 \end{cases} \tag{6.28}$$

となる．これは r_1, r_2 を未知数とする連立同次方程式であり，係数行列

$$A = \begin{pmatrix} 1 & -\varepsilon \\ -\varepsilon & 1 \end{pmatrix} \tag{6.29}$$

を用いれば(E は単位行列 E_2)

$$(A-\omega^2 E)\begin{pmatrix} r_1 \\ r_2 \end{pmatrix} = 0 \tag{6.30}$$

と書ける．これが自明な解 $r_1=r_2=0$（振動がない状態）以外の解（振動のある状態）をもつための条件は，係数行列 $A-\omega^2 E$ の行列式が 0 になることである．したがって

$$|A-\omega^2 E| = \begin{vmatrix} 1-\omega^2 & -\varepsilon \\ -\varepsilon & 1-\omega^2 \end{vmatrix} = 0 \tag{6.31}$$

これは，振動のある状態の角振動数 ω を与える式である．この行列式を計算すると

$$(1-\omega^2)^2-\varepsilon^2 = 0$$

これを ω^2 について解けば

$$\omega^2 = 1\pm\varepsilon \tag{6.32}$$

を得る．したがってこの振動子系は

$$\omega_1 = \sqrt{1-\varepsilon}, \qquad \omega_2 = \sqrt{1+\varepsilon} \tag{6.33}$$

で与えられる 2 つの振動をもつ．これらがこの体系の固有振動の角振動数を与える（$1\pm\varepsilon<0$ の場合は $\sin\omega t$ のような振動解は存在しない）．

角振動数 ω_1 をもつ固有振動では，${\omega_1}^2=1-\varepsilon$ を (6.28) に代入して

$$\frac{r_2}{r_1} = 1 \tag{6.34}$$

を得る．すなわち，これは 2 つの振動子が同じ向きに動く運動である．

角振動数 ω_2 をもつ固有振動では，${\omega_2}^2=1+\varepsilon$ を (6.28) に代入して

$$\frac{r_2}{r_1} = -1 \tag{6.35}$$

を得る．すなわち，これは 2 つの振動子が逆向きに動く運動である．

これらの運動は，x_1 と x_2 を組み合わせた変数

$$\xi = \frac{x_1+x_2}{\sqrt{2}}, \qquad \eta = \frac{x_2-x_1}{\sqrt{2}} \tag{6.36}$$

を導入するとわかりやすくなる．ξ は平均の変位（重心の変位）に，η は相対変位に比例している．実際，(6.27)，(6.33) から

$$\frac{d^2\xi}{dt^2} = -\omega_1{}^2\xi, \qquad \frac{d^2\eta}{dt^2} = -\omega_2{}^2\eta \tag{6.37}$$

となるから，$x_1=x_2\ (\eta=0)$ の運動では振動数が ω_1 であり，$x_1=-x_2\ (\xi=0)$ の運動では振動数が ω_2 である．

2次形式　この振動子系の位置エネルギーを Φ とすると

$$\Phi = \frac{1}{2}(x_1{}^2+x_2{}^2)-\varepsilon x_1 x_2 \tag{6.38}$$

であることが示される．これは変換(6.36)を用いると

$$\Phi = \frac{1}{2}(1-\varepsilon)\xi^2+\frac{1}{2}(1+\varepsilon)\eta^2 \tag{6.39}$$

と書き直せる．(6.38)の右辺は x_1 と x_2 の2次式であって，**2次形式**とよばれる．変換(6.36)によって x_1 と x_2 の積 x_1x_2 の項を消すことができて，(6.39)を得たわけである．この場合に(6.39)の形を**2次形式の標準形**という．

この力学系の運動エネルギーは

$$K = \frac{1}{2}\left\{\left(\frac{dx_1}{dt}\right)^2+\left(\frac{dx_2}{dt}\right)^2\right\} = \frac{1}{2}\left\{\left(\frac{d\xi}{dt}\right)^2+\left(\frac{d\eta}{dt}\right)^2\right\}$$

となるので，体系の全エネルギー E は ξ の項と η の項に分離されて

$$E = K+\Phi = E_\xi+E_\eta$$

となる．ただし

$$E_\xi = \frac{1}{2}\left(\frac{d\xi}{dt}\right)^2+\frac{\omega_1{}^2}{2}\xi^2$$

$$E_\eta = \frac{1}{2}\left(\frac{d\eta}{dt}\right)^2+\frac{\omega_2{}^2}{2}\eta^2$$

となる．このように，相互作用をもち(6.27)で表わされる振動子系(x_1 と x_2)は，運動が(6.37)で表わされ，エネルギーが E_ξ, E_η で与えられる2つの独立な振動(ξ と η)の重ね合わせと見ることができる．

この場合に限らず，一般に力学系の振動が，いくつかの独立な単振動の線形結合(重ね合わせ)で表わされるとき，この単振動が固有振動であり，独立な固有振動の個数は**自由度**とよばれる．

問　題 6-2

1. 2次方程式の解法にしたがって

$$\lambda^2-2\lambda+1-\varepsilon^2=0$$

を解いてみよ．

2. ω_0 を定数として

$$\begin{vmatrix} {\omega_0}^2-\lambda & -\varepsilon \\ -\varepsilon & {\omega_0}^2-\lambda \end{vmatrix}=0$$

を λ について解け．

6-3 固有値問題

振動子系(6.27)を自由度2のままで一般化すると，運動方程式は

$$\begin{cases} \dfrac{d^2x_1}{dt^2}=-(a_{11}x_1+a_{12}x_2) \\[2ex] \dfrac{d^2x_2}{dt^2}=-(a_{21}x_1+a_{22}x_2) \end{cases} \tag{6.40}$$

となる．ここで係数行列を

$$A=\begin{pmatrix} a_{11} & a_{12} \\ a_{21} & a_{22} \end{pmatrix}$$

と書こう．規準振動を $x_1=r_1\sin\omega t$，$x_2=r_2\sin\omega t$ として

$$\boldsymbol{u}=\begin{pmatrix} r_1 \\ r_2 \end{pmatrix}$$

とおくと，(6.40)は

$$\omega^2\boldsymbol{u}=A\boldsymbol{u} \tag{6.41}$$

となる．これが規準振動を与える方程式である．

固有方程式　そこで一般的に A を行列，λ を定数として，方程式

$$A\boldsymbol{u}=\lambda\boldsymbol{u} \tag{6.42}$$

を考えよう．λ が何であっても，ゼロベクトル $\boldsymbol{u}=0$ はつねにこれを満足する．

しかしλのある値に対して，(6.42)が恒等的に0でない解($\boldsymbol{u}\neq 0$)をもつとき，このようなλの値をAの**固有値**といい，$\boldsymbol{u}$を固有値λに対する**固有ベクトル**という．そして，固有値と固有ベクトルを見出す問題を**固有値問題**という．

(6.42)は

$$(A-\lambda E)\boldsymbol{u} = 0 \tag{6.43}$$

とも書ける．これは$\boldsymbol{u}$に対する同次連立方程式であるから，これを満足する0でないベクトル$\boldsymbol{u}$が存在するための必要十分条件は，行列式$|A-\lambda E|$が0であること，すなわち

$$|A-\lambda E| = 0 \tag{6.44}$$

であり，これが固有値λを決定する．これをAの**固有方程式**あるいは**特性方程式**という．Aがn次行列であるとき

$$|A-\lambda E| = \begin{vmatrix} a_{11}-\lambda & a_{12} & \cdots & a_{1n} \\ a_{21} & a_{22}-\lambda & \cdots & a_{2n} \\ & \cdots\cdots\cdots\cdots\cdots & & \\ a_{n1} & a_{n2} & \cdots & a_{nn}-\lambda \end{vmatrix} = 0 \tag{6.45}$$

この左辺はλに対してn次の多項式であり，**固有多項式**とよばれる．固有方程式(6.45)はn次の代数方程式であるから，n個の解が存在する(ただしその中で重複するものもあり，また複素数のものもあり得る)．これらを$\lambda_1, \lambda_2, \cdots, \lambda_n$とし，固有値$\lambda_j$に対する固有ベクトルを$\boldsymbol{u}_j$とすると，これは(6.42)で$\lambda=\lambda_j$, $\boldsymbol{u}=\boldsymbol{u}_j$とおいた式

$$A\boldsymbol{u}_j = \lambda_j \boldsymbol{u}_j \tag{6.46}$$

を解いて得られる．

前に説明した振動子系(128ページ)を例にとると，(6.30)は，(6.46)で

$$\boldsymbol{u}_j = \begin{pmatrix} x_1 \\ x_2 \end{pmatrix}, \qquad \lambda_j = \omega^2 \tag{6.47}$$

($\boldsymbol{u}_j$の成分をr_1, r_2でなく，x_1, x_2と書くことにする)とおいた式

$$(A-\lambda_j E)\boldsymbol{u}_j = 0 \tag{6.48}$$

を意味する．これを解いて，$\boldsymbol{u}_1$ ($\lambda_1=\omega_1{}^2$)に対して$x_2/x_1=1$を得，$\boldsymbol{u}_2$ ($\lambda_2=\omega_2{}^2$)

に対しては $x_2/x_1=-1$ を得たのであった((6.34), (6.35))．これらの場合，x_2 と x_1 の比だけが定まったわけで，x_1 と x_2 の大きさはきまらなかった．そこで固有ベクトル $\boldsymbol{u}_1, \boldsymbol{u}_2$ の大きさを1にとれば $x_1{}^2+x_2{}^2=1$ となるので，

$$\boldsymbol{u}_1 = \frac{1}{\sqrt{2}}\begin{pmatrix} 1 \\ 1 \end{pmatrix}, \qquad \boldsymbol{u}_2 = \frac{1}{\sqrt{2}}\begin{pmatrix} -1 \\ 1 \end{pmatrix} \tag{6.49}$$

が，この場合の固有ベクトルである($\boldsymbol{u}_2=\frac{1}{\sqrt{2}}\begin{pmatrix} 1 \\ -1 \end{pmatrix}$としてもよい)．

固有ベクトルの直交性　λ_j と λ_k を値が等しくない固有値，$\boldsymbol{u}_j$ と $\boldsymbol{u}_k$ をこれらに対する固有ベクトルとすると

$$A\boldsymbol{u}_j = \lambda_j \boldsymbol{u}_j, \qquad A\boldsymbol{u}_k = \lambda_k \boldsymbol{u}_k \tag{6.50}$$

である．これらから

$$\begin{aligned} \lambda_j \boldsymbol{u}_k{}^{\mathrm{T}} \boldsymbol{u}_j &= \boldsymbol{u}_k{}^{\mathrm{T}} A \boldsymbol{u}_j \\ \lambda_k \boldsymbol{u}_j{}^{\mathrm{T}} \boldsymbol{u}_k &= \boldsymbol{u}_j{}^{\mathrm{T}} A \boldsymbol{u}_k \end{aligned} \tag{6.51}$$

を得るが，左辺で $\boldsymbol{u}_j{}^{\mathrm{T}}\boldsymbol{u}_k$ (スカラー積)は

$$(\boldsymbol{u}_k{}^{\mathrm{T}} \boldsymbol{u}_j)^{\mathrm{T}} = \boldsymbol{u}_j{}^{\mathrm{T}} \boldsymbol{u}_k \tag{6.52}$$

を満足する．

そこで，行列 A が対称行列

$$A^{\mathrm{T}} = A \tag{6.53}$$

であるとすると

$$(\boldsymbol{u}_k{}^{\mathrm{T}} A \boldsymbol{u}_j)^{\mathrm{T}} = (A\boldsymbol{u}_j)^{\mathrm{T}} \boldsymbol{u}_k = \boldsymbol{u}_j{}^{\mathrm{T}} A^{\mathrm{T}} \boldsymbol{u}_k = \boldsymbol{u}_j{}^{\mathrm{T}} A \boldsymbol{u}_k \tag{6.54}$$

であるから，(6.51)から

$$(\lambda_j - \lambda_k) \boldsymbol{u}_j{}^{\mathrm{T}} \boldsymbol{u}_k = 0 \tag{6.55}$$

を得る．したがって $\lambda_j \neq \lambda_k$ ならば

$$\boldsymbol{u}_j{}^{\mathrm{T}} \boldsymbol{u}_k = \boldsymbol{u}_k{}^{\mathrm{T}} \boldsymbol{u}_j = 0 \tag{6.56}$$

が成り立つ．このように，A が対称行列ならば，その固有ベクトルで固有値が異なるものは互いに直交する．

固有値が等しい場合(**縮退**しているという)も，その固有ベクトルの線形結合を作って，それらを互いに直交させることができることが示される．

固有ベクトルはその向き(たとえば，比 x_2/x_1 の値)で定まるもので，その大

きさはきまらない．しかし，固有ベクトルの大きさは1に選ぶと便利なことが多いので，

$$\boldsymbol{u}_j{}^{\mathrm{T}}\boldsymbol{u}_j = 1 \tag{6.57}$$

とするのがふつうである．このとき，ベクトル $\boldsymbol{u}_j$ は**規格化**されているという．固有ベクトル $\boldsymbol{u}_j$ の組は規格化された直交系を作ると考えることができる．

例題 6.1 成分が実数の対称行列の固有値は実数である．これを証明せよ．

［解］ A をこの行列とする．$A\boldsymbol{u}=\lambda\boldsymbol{u}$．成分を複素共役に変えたものを＊で表わすと

$$\boldsymbol{u}^{*\mathrm{T}}A\boldsymbol{u} = \lambda\boldsymbol{u}^{*\mathrm{T}}\boldsymbol{u}$$

他方で，A は実成分なので $A^*=A$，対称なので $A^{\mathrm{T}}=A$，また $A\boldsymbol{u}^*=\lambda^*\boldsymbol{u}^*$．したがって

$$\boldsymbol{u}^{*\mathrm{T}}A\boldsymbol{u} = (A\boldsymbol{u}^*)^{\mathrm{T}}\boldsymbol{u} = \lambda^*\boldsymbol{u}^{*\mathrm{T}}\boldsymbol{u}$$

ここで $\boldsymbol{u}^{*\mathrm{T}}\boldsymbol{u}\neq 0$ であるから，$\lambda=\lambda^*$，すなわち固有値 λ は実数である．❙

1次変換と固有ベクトル 行列 A による $\boldsymbol{u}$ の1次変換 $\boldsymbol{u}\to\boldsymbol{u}'$，すなわち

$$\boldsymbol{u}' = A\boldsymbol{u} \tag{6.58}$$

は，$\boldsymbol{u}(x_1, x_2, \cdots, x_n)$ を $\boldsymbol{u}'(x_1', x_2', \cdots, x_n')$ へ移す**写像**と考えることができる．そして固有方程式(6.42)は，この写像により固有ベクトル $\boldsymbol{u}$ が方向を変えずに λ 倍のベクトル $\boldsymbol{u}'=\lambda\boldsymbol{u}$ に移ることを意味する．

このような写像をわかりやすくするため，2次元の場合を考え，$x_1=x$，$x_2=y$ とする．そして，平面上の点 $\boldsymbol{x}=(x, y)$ の A による写像を

$$\boldsymbol{x}' = A\boldsymbol{x}, \qquad A = \begin{pmatrix} a_{11} & a_{12} \\ a_{21} & a_{22} \end{pmatrix} \tag{6.59}$$

とする．すでにたびたび扱った例(6.29)の行列 A に対する写像 $\boldsymbol{x}=(x, y)\to\boldsymbol{x}'=(x', y')$ は

$$\begin{pmatrix} x \\ y \end{pmatrix} \to \begin{pmatrix} x' \\ y' \end{pmatrix} = \begin{pmatrix} 1 & -\varepsilon \\ -\varepsilon & 1 \end{pmatrix}\begin{pmatrix} x \\ y \end{pmatrix} = \begin{pmatrix} x-\varepsilon y \\ y-\varepsilon x \end{pmatrix}$$

である．

$\boldsymbol{x}$ を白丸○で表わし，$\boldsymbol{x}'$ を矢印の先端で表わして，これを図示すると図6-2

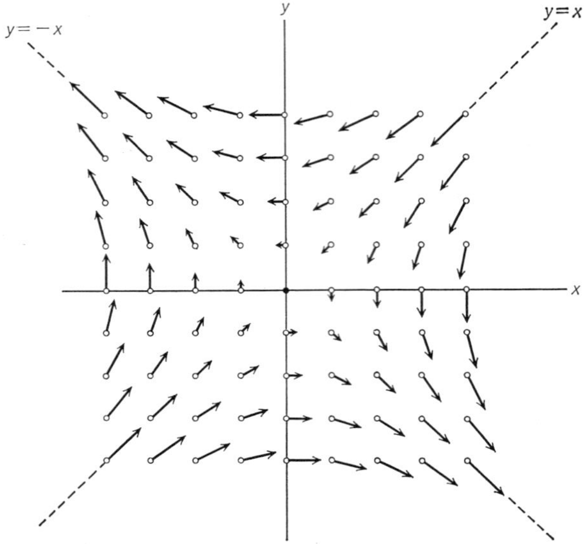

図 6-2

のようになり，点の移動は流れとして表わされる(図では $\varepsilon \cong 0.2$)．これを見ると，この写像によって，原点と点(x, y)とを結ぶベクトルが向きを変えない方向があることに気がつく．これは，$y=x$ と $y=-x$ の方向であって，$\varepsilon>0$ とすると $y=-x$ の方向には図形はひき伸ばされ，$y=x$ の方向には図形は圧縮される．

この 2 つの方向が行列 A の固有ベクトルの方向である．実際，$y=x$ 方向のベクトルを $\boldsymbol{u}_1$ とし，$y=-x$ 方向のベクトルを $\boldsymbol{u}_2$ とすると

$$\begin{aligned} \boldsymbol{u}_1 &= \begin{pmatrix} 1 \\ 1 \end{pmatrix} \quad \text{に対し} \qquad A\boldsymbol{u}_1 = \lambda_1 \boldsymbol{u}_1 \qquad (\lambda_1 = 1-\varepsilon) \\ \boldsymbol{u}_2 &= \begin{pmatrix} 1 \\ -1 \end{pmatrix} \quad \text{に対し} \qquad A\boldsymbol{u}_2 = \lambda_2 \boldsymbol{u}_2 \qquad (\lambda_2 = 1+\varepsilon) \end{aligned} \tag{6.60}$$

となる．

このように，固有ベクトルは，変換(写像)によって方向を変えないベクトルである．そして，固有値はこの変換による拡大，縮小の度合いを表わす．

問　題6-3

1. $A=\begin{pmatrix}1 & 1/2\\ 1/2 & 1\end{pmatrix}$ の固有値，固有ベクトルを求めよ.

2. $A=\begin{pmatrix}\cos\theta & -\sin\theta\\ \sin\theta & \cos\theta\end{pmatrix}$ はどのような写像 $\boldsymbol{x}\to\boldsymbol{x}'=A\boldsymbol{x}$ を生じるか. これは対称でない行列である. 固有ベクトルは作れるか. 固有値はどのようになるか.

6-4 2次形式

2次曲線 平面上に直交座標系 (x,y) をとるとき，$x^2+y^2=1$ は1つの円を表わし，$x^2/a^2+y^2/b^2=1$ は楕円を表わす.

$$x^2-\frac{2}{3}xy+y^2=\frac{8}{3} \tag{6.61}$$

も2次曲線であって，図6-3に示すような楕円であるが，楕円の長軸が (x,y) 軸に対して45°傾いている. 実際，(x,y) 軸に対して角 θ だけ回した座標系を (ξ,η) とすると

$$\begin{pmatrix}x\\ y\end{pmatrix}=\begin{pmatrix}\cos\theta & -\sin\theta\\ \sin\theta & \cos\theta\end{pmatrix}\begin{pmatrix}\xi\\ \eta\end{pmatrix}$$

であるから，$\theta=\pi/4$ とおくと

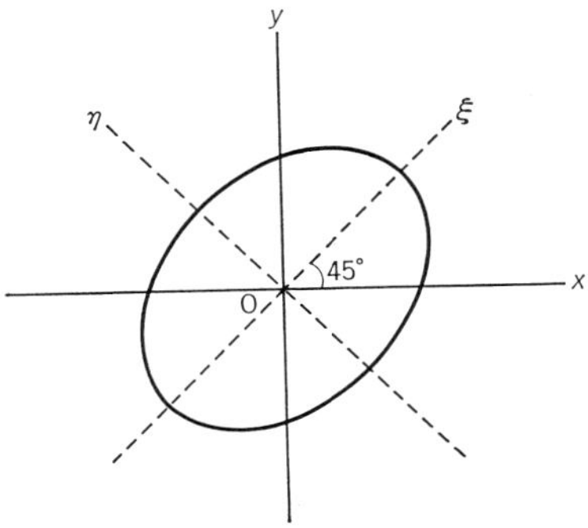

図6-3

$$x=\frac{\xi-\eta}{\sqrt{2}}, \qquad y=\frac{\xi+\eta}{\sqrt{2}} \tag{6.62}$$

となる．この (ξ,η) 軸を用いれば(6.61)は

$$\frac{\xi^2}{4}+\frac{\eta^2}{2}=1 \tag{6.63}$$

となり，したがって，これは長軸の長さ $a=\sqrt{4}=2$，短軸の長さ $b=\sqrt{2}$ の楕円である．

例題 6.2 k と c を共に正の定数とするとき

$$x^2-2kxy+y^2=c \tag{6.64}$$

は，どのような曲線を表わすか．

[解] 変換(6.62)を行なえば，与えられた方程式は

$$\xi^2+\eta^2+k(\eta^2-\xi^2)=c$$

となる．書き直せば

$$\frac{\xi^2}{\alpha}+\frac{\eta^2}{\beta}=1$$

ただし

$$\alpha=\frac{c}{1-k}, \qquad \beta=\frac{c}{1+k}$$

したがって，$c>0$ のとき $0<k<1$ ならば，(6.64)は軸の長さ $\sqrt{\alpha}$，$\sqrt{\beta}$ の楕円，$1<k$ ならば双曲線を表わす．▎

主軸 一般に，2次方程式

$$a_{11}x^2+2a_{12}xy+a_{22}y^2=c \qquad (c\text{ は定数}) \tag{6.65}$$

は，係数 a_{11}, a_{12}, a_{22} の値が適当であれば，楕円あるいは双曲線を表わすことが示される．

実際，このような場合には適宜な座標変換 $(x,y)\to(\xi,\eta)$ により，上式を

$$\alpha\xi^2+\beta\eta^2=c' \qquad (\alpha,\beta,c'\text{ は定数})$$

の形にすることができる．この ξ 軸，η 軸がこの2次曲線の主軸である(ただしこの座標変換の結果，(6.65)が $\xi^2+\eta^2=-1$ あるいは $\xi^2/a^2+\eta^2/b^2=-1$ などになると，これは図示できない．これらの式を満足する ξ,η は一般に複素数であ

り，これらの方程式はそれぞれ虚円，虚楕円などとよばれることがある）.

(6.65)の左辺

$$\Phi = a_{11}x^2+2a_{12}xy+a_{22}y^2 \tag{6.66}$$

は，x と y の 2 次式，すなわち 2 次形式である．そして，適当な直交座標の変換 $(x, y)\to(\xi, \eta)$ により，これを

$$\Phi = \alpha\xi^2+\beta\eta^2 \qquad (\alpha, \beta \text{ は定数}) \tag{6.67}$$

の形にすることを**主軸問題**といい，ξ 軸，η 軸をこの 2 次形式の**主軸**，(6.67)の形を 2 次形式の**標準形**という.

$$\boldsymbol{x} = \begin{pmatrix} x \\ y \end{pmatrix}, \qquad A = \begin{pmatrix} a_{11} & a_{12} \\ a_{21} & a_{22} \end{pmatrix} \qquad (a_{21}=a_{12}) \tag{6.68}$$

とすれば，2 次形式(6.66)は

$$\Phi = \boldsymbol{x}^{\mathrm{T}}A\boldsymbol{x} \tag{6.69}$$

と書けることに注意しておこう．実際

$$\begin{aligned} \boldsymbol{x}^{\mathrm{T}}A\boldsymbol{x} &= (x, y)\begin{pmatrix} a_{11} & a_{12} \\ a_{12} & a_{22} \end{pmatrix}\begin{pmatrix} x \\ y \end{pmatrix} = (x, y)\begin{pmatrix} a_{11}x+a_{12}y \\ a_{12}x+a_{22}y \end{pmatrix} \\ &= a_{11}x^2+2a_{12}xy+a_{22}y^2 \end{aligned}$$

となる.

n 個の変数 $x_1, x_2, \cdots, x_n$ に関しては，2 次の同次多項式

$$\begin{aligned} \Phi &= a_{11}{x_1}^2+a_{22}{x_2}^2+\cdots+a_{nn}{x_n}^2+2a_{12}x_1x_2+\cdots+2a_{n-1,n}x_{n-1}x_n \\ &= \sum_{i,k=1}^{n} a_{ik}x_ix_k \qquad (a_{ik}=a_{ki}) \end{aligned} \tag{6.70}$$

が 2 次形式である．これは，ベクトル $\boldsymbol{x}$ と対称行列 A

$$\boldsymbol{x} = \begin{pmatrix} x_1 \\ x_2 \\ \vdots \\ x_n \end{pmatrix}, \qquad A = \begin{pmatrix} a_{11} & a_{12} & \cdots & a_{1n} \\ a_{21} & a_{22} & \cdots & a_{2n} \\ \cdots & \cdots & \cdots & \cdots \\ a_{n1} & a_{n2} & \cdots & a_{nn} \end{pmatrix} \qquad (a_{ik}=a_{ki}) \tag{6.71}$$

を用いて

$$\Phi = \boldsymbol{x}^{\mathrm{T}}A\boldsymbol{x} \tag{6.72}$$

と書ける.

ここで直交変換

$$\boldsymbol{x} = U\boldsymbol{\xi}, \qquad \boldsymbol{\xi} = (\xi_1, \xi_2, \cdots, \xi_n) \tag{6.73}$$

を行なえば，上の2次形式(6.69)は(Uは直交行列なので$U^{\mathrm{T}}=U^{-1}$)

$$\Phi = \boldsymbol{x}^{\mathrm{T}}A\boldsymbol{x} = (U\boldsymbol{\xi})^{\mathrm{T}}AU\boldsymbol{\xi} = \boldsymbol{\xi}^{\mathrm{T}}U^{-1}AU\boldsymbol{\xi} \tag{6.74}$$

となる．ここで(6.72)は次のようにして標準形にすることができる．

まず，n次の対称行列Aはn個の固有ベクトル$\boldsymbol{u}_j$(固有値λ_j)($j=1, 2, \cdots, n$)をもつことに注意する：

$$A\boldsymbol{u}_j = \lambda_j\boldsymbol{u}_j \qquad (j=1, 2, \cdots, n) \tag{6.75}$$

λ_jが重根である場合でも$\boldsymbol{u}_j$は互いに直交するようにすることができる．さらに，$\boldsymbol{u}_j$を規格化すると((6.57)参照)

$$\boldsymbol{u}_j{}^{\mathrm{T}}\boldsymbol{u}_k = \delta_{jk} \tag{6.76}$$

列ベクトル$\boldsymbol{u}_1, \boldsymbol{u}_2, \cdots, \boldsymbol{u}_n$を並べて作った行列

$$U = (\boldsymbol{u}_1, \boldsymbol{u}_2, \cdots, \boldsymbol{u}_n) \tag{6.77}$$

は直交行列となる．ここで，$\boldsymbol{x}=U\boldsymbol{\xi}$とすると，2次形式$\Phi=\boldsymbol{x}^{\mathrm{T}}A\boldsymbol{x}$は標準形となる：

$$\Phi = \lambda_1\xi_1{}^2+\lambda_2\xi_2{}^2+\cdots+\lambda_n\xi_n{}^2 \tag{6.78}$$

これを2次行列の場合について説明しよう．まず直交変換を

$$\begin{pmatrix} x \\ y \end{pmatrix} = \begin{pmatrix} u_{11} & u_{12} \\ u_{21} & u_{22} \end{pmatrix}\begin{pmatrix} \xi \\ \eta \end{pmatrix} = U\begin{pmatrix} \xi \\ \eta \end{pmatrix} \tag{6.79}$$

とする．ここで列ベクトル$\boldsymbol{u}_1$と$\boldsymbol{u}_2$を導入して

$$\boldsymbol{u}_1 = \begin{pmatrix} u_{11} \\ u_{21} \end{pmatrix}, \qquad \boldsymbol{u}_2 = \begin{pmatrix} u_{12} \\ u_{22} \end{pmatrix}, \qquad U = (\boldsymbol{u}_1, \boldsymbol{u}_2) \tag{6.80}$$

と書くと，(6.79)は

$$\boldsymbol{x} = \begin{pmatrix} x \\ y \end{pmatrix} = \begin{pmatrix} u_{11}\xi+u_{12}\eta \\ u_{21}\xi+u_{22}\eta \end{pmatrix} = \xi\boldsymbol{u}_1+\eta\boldsymbol{u}_2 \tag{6.81}$$

と書けるから，2次形式(6.69)は

$$\begin{aligned} \Phi &= \boldsymbol{x}^{\mathrm{T}}A\boldsymbol{x} = (\xi\boldsymbol{u}_1{}^{\mathrm{T}}+\eta\boldsymbol{u}_2{}^{\mathrm{T}})A(\xi\boldsymbol{u}_1+\eta\boldsymbol{u}_2) \\ &= (\boldsymbol{u}_1{}^{\mathrm{T}}A\boldsymbol{u}_1)\xi^2+(\boldsymbol{u}_2{}^{\mathrm{T}}A\boldsymbol{u}_2)\eta^2+\{(\boldsymbol{u}_1{}^{\mathrm{T}}A\boldsymbol{u}_2)+(\boldsymbol{u}_2{}^{\mathrm{T}}A\boldsymbol{u}_1)\}\xi\eta \end{aligned} \tag{6.82}$$

となる．ここで行列 U が直交行列であるため，(6.7)により

$$u_{11}{}^2+u_{21}{}^2 = u_{12}{}^2+u_{22}{}^2 = 1$$
$$u_{11}u_{12}+u_{21}u_{22} = 0 \tag{6.83}$$

したがって

$$\boldsymbol{u}_1{}^{\mathrm{T}}\boldsymbol{u}_1 = \boldsymbol{u}_2{}^{\mathrm{T}}\boldsymbol{u}_2 = 1$$
$$\boldsymbol{u}_1{}^{\mathrm{T}}\boldsymbol{u}_2 = \boldsymbol{u}_2{}^{\mathrm{T}}\boldsymbol{u}_1 = 0 \tag{6.84}$$

ここで，$\boldsymbol{u}_1, \boldsymbol{u}_2$ として，行列 A の固有ベクトルを選ぶ．すなわち，$\boldsymbol{u}_1, \boldsymbol{u}_2$ は固有方程式

$$A\boldsymbol{u}_1 = \lambda_1\boldsymbol{u}_1, \qquad A\boldsymbol{u}_2 = \lambda_2\boldsymbol{u}_2 \tag{6.85}$$

を満足するとする．A は対称行列としているから $\boldsymbol{u}_1$ と $\boldsymbol{u}_2$ とは互いに直交する(134ページ参照)ので，(6.84)は満足される．そして

$$\boldsymbol{u}_1{}^{\mathrm{T}}A\boldsymbol{u}_1 = \lambda_1, \qquad \boldsymbol{u}_2{}^{\mathrm{T}}A\boldsymbol{u}_2 = \lambda_2$$
$$\boldsymbol{u}_1{}^{\mathrm{T}}A\boldsymbol{u}_2 = \boldsymbol{u}_2{}^{\mathrm{T}}A\boldsymbol{u}_1 = 0 \tag{6.86}$$

となるので，2次形式(6.69)は標準化されて

$$\Phi = \lambda_1\xi^2+\lambda_2\eta^2 \tag{6.87}$$

となる．

例題 6.3 2次形式

$$\begin{aligned}\Phi &= \frac{1}{2}\{(x_1-x_2)^2+(x_2-x_3)^2+(x_3-x_1)^2\}\\ &= x_1{}^2+x_2{}^2+x_3{}^2-x_1x_2-x_2x_3-x_3x_1\\ &= \boldsymbol{x}^{\mathrm{T}}A\boldsymbol{x}\end{aligned} \tag{6.88}$$

を標準化せよ．ここで

$$\boldsymbol{x} = (x_1, x_2, x_3)^{\mathrm{T}}, \qquad A = \begin{pmatrix} 1 & -1/2 & -1/2 \\ -1/2 & 1 & -1/2 \\ -1/2 & -1/2 & 1 \end{pmatrix} \tag{6.89}$$

［解］ まず行列 A の固有値を求める．固有方程式は

$$|A-\lambda E_3| = \begin{vmatrix} 1-\lambda & -1/2 & -1/2 \\ -1/2 & 1-\lambda & -1/2 \\ -1/2 & -1/2 & 1-\lambda \end{vmatrix} = -\lambda\left(\lambda-\frac{3}{2}\right)^2 \tag{6.90}$$

すなわち固有値は $\lambda_1=0$, $\lambda_2=\lambda_3=3/2$（重根）.

次に，固有ベクトル $\boldsymbol{u}=(u_1,u_2,u_3)^{\mathrm{T}}$ を求める．$\lambda_1=0$ に対しては

$$(A-\lambda_1E_3)\boldsymbol{u}=\begin{pmatrix}1 & -1/2 & -1/2\\ -1/2 & 1 & -1/2\\ -1/2 & -1/2 & 1\end{pmatrix}\begin{pmatrix}u_1\\ u_2\\ u_3\end{pmatrix}=0$$

ゆえに

$$u_1-\frac{1}{2}(u_2+u_3)=0$$

$$u_2-\frac{1}{2}(u_3+u_1)=0$$

$$u_3-\frac{1}{2}(u_1+u_2)=0$$

ゆえに $u_1=u_2=u_3$. これを規格化 $(u_1{}^2+u_2{}^2+u_3{}^2=1)$ して $\boldsymbol{u}_1=(u_{11},u_{21},u_{31})^{\mathrm{T}}$ とすると，

$$u_{11}=u_{21}=u_{31}=\frac{1}{\sqrt{3}}$$

$\lambda_2=\lambda_3=3/2$ に対しては

$$\begin{pmatrix}-1/2 & -1/2 & -1/2\\ -1/2 & -1/2 & -1/2\\ -1/2 & -1/2 & -1/2\end{pmatrix}\begin{pmatrix}u_1\\ u_2\\ u_3\end{pmatrix}=0$$

これは $u_1+u_2+u_3=0$ を与える．$u_{12}+u_{22}+u_{32}=0$ を満足する固有ベクトル $\boldsymbol{u}_2=(u_{12},u_{22},u_{32})^{\mathrm{T}}$ として，$\boldsymbol{u}_1$ と直交し $(\boldsymbol{u}_1\cdot\boldsymbol{u}_2=u_{11}u_{12}+u_{21}u_{22}+u_{31}u_{32}=0)$ かつ規格化 $(u_{12}{}^2+u_{22}{}^2+u_{32}{}^2=1)$ されたものをとらなければならない．簡単なとり方として

$$u_{12}=\frac{1}{\sqrt{2}},\qquad u_{22}=0,\qquad u_{32}=-\frac{1}{\sqrt{2}}$$

を採用しよう．

さらに $u_{13}+u_{23}+u_{33}=0$ を満足し，$\boldsymbol{u}_1,\boldsymbol{u}_2$ と直交し $(\boldsymbol{u}_1\cdot\boldsymbol{u}_3=\boldsymbol{u}_2\cdot\boldsymbol{u}_3=0)$，規格化された固有ベクトル $\boldsymbol{u}_3=(u_{13},u_{23},u_{33})^{\mathrm{T}}$ は

$$u_{13}=\frac{1}{\sqrt{6}},\qquad u_{23}=-\sqrt{\frac{2}{3}},\qquad u_{33}=\frac{1}{\sqrt{6}}$$

であることは容易に確かめられる．

したがって A を対角化する行列 $U=(\boldsymbol{u}_1, \boldsymbol{u}_2, \boldsymbol{u}_3)$ は

$$U = \begin{pmatrix} 1/\sqrt{3} & 1/\sqrt{2} & 1/\sqrt{6} \\ 1/\sqrt{3} & 0 & -\sqrt{2/3} \\ 1/\sqrt{3} & -1/\sqrt{2} & 1/\sqrt{6} \end{pmatrix} \tag{6.91}$$

で与えられる（$U^{\mathrm{T}}U=UU^{\mathrm{T}}=1$ は容易に確かめられる）．U は直交行列であり，A は

$$U^{\mathrm{T}}AU = \begin{pmatrix} 0 & 0 & 0 \\ 0 & 3/2 & 0 \\ 0 & 0 & 3/2 \end{pmatrix} \tag{6.92}$$

と対角化される．したがって

$$\boldsymbol{x} = U\boldsymbol{\xi}, \qquad \boldsymbol{\xi} = U^{\mathrm{T}}\boldsymbol{x} = (\xi_1, \xi_2, \xi_3)^{\mathrm{T}} \tag{6.93}$$

を用いて，Φ は標準化され

$$\Phi = \boldsymbol{\xi}^{\mathrm{T}}U^{\mathrm{T}}AU\boldsymbol{\xi} = \frac{3}{2}({\xi_2}^2+{\xi_3}^2) \tag{6.94}$$

となる．▎

問　題 6-4

1. 平面上の直交座標系 (ξ, η) を用いて，楕円の方程式を

$$\frac{\xi^2}{a^2}+\frac{\eta^2}{b^2} = 1$$

とする．(ξ, η) を原点のまわりに $-\theta$ だけ回転した座標系 (x, y) に対するこの楕円の方程式を求めよ．とくに $\theta=\pi/4$ のときこれはどうなるか（(6.61)式を参照せよ）．

2. $A=\begin{pmatrix} 1 & -\varepsilon \\ -\varepsilon & 1 \end{pmatrix}$ を対角化する行列 U は，A の固有ベクトルで書けることを確かめよ．

3. (6.91)の U を用いて，$\boldsymbol{\xi}=U^{\mathrm{T}}\boldsymbol{x}$（(6.93)式）とするとき，

$${x_1}^2+{x_2}^2+{x_3}^2 = {\xi_1}^2+{\xi_2}^2+{\xi_3}^2$$

となることを確かめよ．

6-5 行列の対角化

行列 P が逆行列 P^{-1} をもつとき，すなわち P が正則行列であるとき

$$P^{-1}AP = B \tag{6.95}$$

とする．このとき A と B は互いに**相似な行列**であるという．相似な行列は1次変換などで本質的には同じはたらきをする(問題6-5の**2**を参照)．

A を n 次正方行列とし，ある正則行列 P を用いて

$$P^{-1}AP = \begin{pmatrix} \lambda_1 & & 0 \\ & \lambda_2 & \\ 0 & & \ddots \ \lambda_n \end{pmatrix} \tag{6.96}$$

とすることができるとき，A は**対角化**可能であるという．すでに固有振動を求める問題や2次形式の標準化の問題では，事実上，行列を対角化している．いろいろの問題において行列を対角化すると便利なことは，これらの問題ですでに示されたところであった．ここでは，さらに対角化可能の条件をまとめて述べておく．

(1) 対称行列はすべて対角化可能である．これは140ページで述べたことに相当する．すなわち，A が対称行列の場合に，(6.75)，(6.77)の直交行列 U によって2次形式 $\boldsymbol{x}^{\mathrm{T}}A\boldsymbol{x}$ は $\boldsymbol{x}^{\mathrm{T}}A\boldsymbol{x}=\boldsymbol{\xi}^{\mathrm{T}}U^{\mathrm{T}}AU\boldsymbol{\xi}=\sum\lambda_n\xi_n{}^2$ となり，A は対角化される：

$$U^{\mathrm{T}}AU = \begin{pmatrix} \lambda_1 & & 0 \\ & \lambda_2 & \\ 0 & & \ddots \ \lambda_n \end{pmatrix} \tag{6.97}$$

(2) n 次行列 A の固有値 $\lambda_1, \lambda_2, \cdots, \lambda_n$ がすべて単根ならば，A は対角化できる．また，このとき n 個の固有ベクトル $\boldsymbol{u}_1, \boldsymbol{u}_2, \cdots, \boldsymbol{u}_n$ は1次独立である．

(3) A のすべての異なる固有値を $\lambda_1, \lambda_2, \cdots, \lambda_r$ とし，それらの重複度をそれぞれ $m_1, m_2, \cdots, m_r$ とする $\left(\sum_{j=1}^{r} m_j=n\right)$．すべての固有値に対して

$$\mathrm{rank}\,(A-\lambda_jE_n) = n-m_j \qquad (j=1,2,\cdots,r) \tag{6.98}$$

ならば，A は対角化可能である．もしも $j=1,2,\cdots,r$ のどれかに対してこの等号が成り立たなければ，A は対角化できない．

最後の(3)について，すこし説明しよう．固有ベクトル $\boldsymbol{u}$ に対する方程式

$$(A-\lambda_j E_n)\boldsymbol{u} = 0 \tag{6.99}$$

は n 次の同次式である．(6.99)が自明でない解をもつためには $\mathrm{rank}(A-\lambda_j E_n) \leqq n-1$ でなければならない(120 ページ参照)．一般に，(6.99)の 1 次独立な解の個数(自由度)は $n-\mathrm{rank}\,(A-\lambda_j E_n)$ であり，m_j 個の 1 次独立な解が存在する条件は

$$n-\mathrm{rank}\,(A-\lambda_j E_n) = m_j$$

すなわち(6.98)である．したがって(6.98)がすべて満足されるときには n 個の 1 次独立な固有ベクトル $\boldsymbol{u}$ があって，これらを $\boldsymbol{u}_1, \boldsymbol{u}_2, \cdots, \boldsymbol{u}_n$ とすれば，$U=(\boldsymbol{u}_1, \boldsymbol{u}_2, \cdots, \boldsymbol{u}_n)$ によって $U^{\mathrm{T}}AU$ は対角行列となる．

問　題 6-5

1. $A=\begin{pmatrix} 1 & 2 \\ 0 & 1 \end{pmatrix}$ の固有値，固有ベクトルを求め，この行列が対角化できるかどうかを調べよ．

2. $\boldsymbol{u}=P\boldsymbol{v}$ とすると，$A\boldsymbol{u}=\lambda\boldsymbol{u}$ は $B\boldsymbol{v}=\lambda\boldsymbol{v}\,(B=P^{-1}AP)$ となることを示せ．

第 6 章 演 習 問 題

[1]　2 次方程式 (a, b, c は定数)

$$x^2+y^2-2ax-2by = c$$

はどのような曲線を表わすか．ただし $c>-(a^2+b^2)$ とする．

[2]　2 次式

$$ax^2+2bxy+cy^2+dx+ey+f$$

は座標軸の平行移動により，1次の項を消して

$$ax'^2+2bx'y'+cy'^2+f'$$

とすることができることを示せ．ただし $ac-b^2\neq0$ とする．

[3] 次の対称行列の固有値を求めよ．また，固有ベクトルを用いて対角化せよ．

(1) $\begin{pmatrix}1 & 2\\ 2 & 1\end{pmatrix}$ (2) $\begin{pmatrix}0 & 1\\ 1 & 0\end{pmatrix}$

[4] 次の行列(非対称行列)の固有値，固有ベクトルを求めよ．

(1) $\begin{pmatrix}1 & 3\\ 2 & -1\end{pmatrix}$ (2) $\begin{pmatrix}3 & -2 & 1\\ 2 & -1 & 1\\ -2 & 2 & 0\end{pmatrix}$

(2)の場合，重根に対する $A-\lambda E$ の階数を調べて，(6.98)が成り立っているかを調べよ．

さらに勉強するために

本書では，行列と行列式の考えを中心にして，1次変換と連立1次方程式の扱いをできるだけていねいに説明した．ほかの本を参照しなくてもよく理解できるように心掛けたつもりである．しかし紙数の制限もあり，本書では触れることができなかった事柄もある．種々の勉強において，そのような事柄に会うこともあるであろう．そこでいくらか補うために，まずいくつかの用語などを説明しておこう．

[関数行列式]

(i)　**ヤコビ行列式**　$y_1, y_2, \cdots, y_n$ が $x_1, x_2, \cdots, x_n$ の関数であるとき

$$J = \frac{\partial(y_1, y_2, \cdots, y_n)}{\partial(x_1, x_2, \cdots, x_n)} = \begin{vmatrix} \dfrac{\partial y_1}{\partial x_1} & \dfrac{\partial y_2}{\partial x_1} & \cdots & \dfrac{\partial y_n}{\partial x_1} \\ \dfrac{\partial y_1}{\partial x_2} & \dfrac{\partial y_2}{\partial x_2} & \cdots & \dfrac{\partial y_n}{\partial x_2} \\ \cdots & \cdots & \cdots & \cdots \\ \dfrac{\partial y_1}{\partial x_n} & \dfrac{\partial y_2}{\partial x_n} & \cdots & \dfrac{\partial y_n}{\partial x_n} \end{vmatrix}$$

と書き，これをヤコビ行列式(ヤコビアン Jacobian)という(本コース第1巻『微分積分』150～152 ページ参照)．逆に $x_1, x_2, \cdots, x_n$ を $y_1, y_2, \cdots, y_n$ の関数と

みれば，

$$\frac{\partial(x_1, x_2, \cdots, x_n)}{\partial(y_1, y_2, \cdots, y_n)} = 1 \Big/ \frac{\partial(y_1, y_2, \cdots, y_n)}{\partial(x_1, x_2, \cdots, x_n)}$$

が成り立つ．面積要素に対して

$$dy_1 dy_2 \cdots dy_n = |J| dx_1 dx_2 \cdots dx_n$$

となる．

(ii)　ロンスキー行列式　$f_1(x), f_2(x), \cdots, f_n(x)$ が x の関数であるとき $d^j f_k / dx^j = f_k^{(j)}$ と書き，

$$W(f_1, f_2, \cdots, f_n) = \begin{vmatrix} f_1 & f_2 & \cdots & f_n \\ f_1^{(1)} & f_2^{(1)} & \cdots & f_n^{(1)} \\ \cdots\cdots & \cdots\cdots & \cdots\cdots & \cdots\cdots \\ f_1^{(n)} & f_2^{(n)} & \cdots & f_n^{(n)} \end{vmatrix}$$

をロンスキー行列式(ロンスキアン Wronskian)という．$f_1, f_2, \cdots, f_n$ の中に線形独立でないものがあれば，$W(f_1, f_2, \cdots, f_n) = 0$ となる．

(iii)　ヘッセ行列式　y が $x_1, x_2, \cdots, x_n$ の関数であるとき

$$H(y) = \begin{vmatrix} \dfrac{\partial^2 y}{\partial {x_1}^2} & \dfrac{\partial^2 y}{\partial x_1 \partial x_2} & \cdots & \dfrac{\partial^2 y}{\partial x_1 \partial x_n} \\ \dfrac{\partial^2 y}{\partial x_2 \partial x_1} & \dfrac{\partial^2 y}{\partial {x_2}^2} & \cdots & \dfrac{\partial^2 y}{\partial x_2 \partial x_n} \\ \cdots\cdots & \cdots\cdots & \cdots\cdots & \cdots\cdots \\ \dfrac{\partial^2 y}{\partial x_n \partial x_1} & \dfrac{\partial^2 y}{\partial x_n \partial x_2} & \cdots & \dfrac{\partial^2 y}{\partial {x_n}^2} \end{vmatrix}$$

をヘッセ行列式(ヘッシアン Hessian)という．力学系の理論などにおいて用いられる．

(iv)　カソラチ行列式　$\varphi_1(x), \varphi_2(x), \cdots, \varphi_n(x)$ を x の関数とするとき

$$\begin{vmatrix} \varphi_1(x) & \varphi_2(x) & \cdots & \varphi_n(x) \\ \varphi_1(x+1) & \varphi_2(x+1) & \cdots & \varphi_n(x+1) \\ \cdots\cdots & \cdots\cdots & \cdots\cdots & \cdots\cdots \\ \varphi_1(x+n-1) & \varphi_2(x+n-1) & \cdots & \varphi_n(x+n-1) \end{vmatrix}$$

をカソラチ(Casorati)行列式という．線形差分方程式などに対して用いられる．

[成分が複素数の行列]

この本では，すべての成分が実数であるような行列(実行列)だけを扱ってきた．成分が複素数である行列を使うと便利な場合，あるいはこれが必要な場合もあるが，これについて述べると複雑になって分かりにくくなる恐れがあるので，実数に限ったのである．成分が複素数であっても演算は実行列の場合とほとんど変わらない．ここではいくつかの用語などについて述べておこう．

エルミット行列　$A=(a_{ij})$ のすべての成分 a_{ij} をその複素共役 ${a_{ij}}^*$ でおきかえた行列を A の共役行列といい，A^* で表わす．$A^*=({a_{ij}}^*)$ である．また，A^* の転置行列を A の共役転置行列，あるいはエルミット共役といい，$A^\dagger$ で表わす．$A^\dagger=(A^*)^{\mathrm{T}}$ である．$A^*=A^{\mathrm{T}}$ のとき($A^\dagger=A$ のとき)，A をエルミット行列という．エルミット行列の固有値は実数である．

ユニタリ行列　$U^\dagger=U^{-1}$ であるとき，行列 U をユニタリ行列という(成分が実数のユニタリ行列は直交行列である)．U がユニタリ行列であるとき，$\boldsymbol{y}=U\boldsymbol{x}$ をユニタリ変換といい，これは単位エルミット形式とよばれる $\sum_{i=1}^{n} x_i {x_i}^*$ を $\sum_{i=1}^{n} y_i {y_i}^*$ に変換する．ユニタリ行列の固有値の絶対値は1である．

[無限次行列]

無限の行および列をもつ行列を無限次行列，あるいは無限行列という．これは本書で扱わなかった．マトリックス力学では，運動量 p と座標 q を行列とし，ハイゼンベルグの交換関係($\hbar=h/2\pi$，h はプランク定数，$i=\sqrt{-1}$)

$$pq-qp=\frac{\hbar}{i}E$$

をおく．ここで p, q, E は無限次行列である．たとえば(単振子の場合)，ω を定数として

$$p=\sqrt{\frac{\hbar\omega}{2}}\begin{pmatrix} 0 & e^{-i\omega t} & 0 & 0 & \cdots \\ e^{i\omega t} & 0 & \sqrt{2}\,e^{-i\omega t} & 0 & \cdots \\ 0 & \sqrt{2}\,e^{i\omega t} & 0 & \sqrt{3}\,e^{-i\omega t} & \cdots \\ 0 & 0 & \sqrt{3}\,e^{i\omega t} & 0 & \cdots \\ & \cdots\cdots & \cdots\cdots & \cdots\cdots & \end{pmatrix}$$

$$q = i\sqrt{\frac{\hbar}{2\omega}}\begin{pmatrix} 0 & e^{-i\omega t} & 0 & 0 & \cdots \\ -e^{i\omega t} & 0 & \sqrt{2}\,e^{-i\omega t} & 0 & \cdots \\ 0 & -\sqrt{2}\,e^{i\omega t} & 0 & \sqrt{3}\,e^{-i\omega t} & \cdots \\ 0 & 0 & -\sqrt{3}\,e^{i\omega t} & 0 & \cdots \\ \multicolumn{5}{c}{\cdots\cdots\cdots\cdots\cdots\cdots} \end{pmatrix}$$

このとき

$$pq = -qp = -i\frac{\hbar}{2}\begin{pmatrix} 1 & 0 & 0 & 0 & \cdots \\ 0 & 1 & 0 & 0 & \cdots \\ 0 & 0 & 1 & 0 & \cdots \\ 0 & 0 & 0 & 1 & \cdots \\ \multicolumn{5}{c}{\cdots\cdots\cdots} \end{pmatrix}$$

となって交換関係は満足される．このような無限次行列に対しては，有限次行列に対して成り立つ式 $\mathrm{Tr}\,(AB)=\mathrm{Tr}\,(BA)$ を用いることはできない．もしもこれが成立するとすれば，交換関係の左辺は $\mathrm{Tr}\,(pq-qp)=0$ を与えるのに対し，右辺で E を無限次単位行列と解釈すると $\mathrm{Tr}\,E=\infty$ となり，左辺と右辺が等しくなくなってしまう（第 2 章の演習問題 [7] 参照）．

[参考書]

本書では省いた事柄や証明を補う意味で，いくつかの参考書をあげておこう．手に入れやすいものを中心にしておく．このほかにも行列や 1 次変換，線形代数について書かれた本は数多く存在する．

[1]　藤原松三郎：『行列及び行列式』(改訂版)，岩波全書(1961)
行き届いた標準的な本であり，歴史的な背景にもくわしく，詳細な文献がつけられている．

[2]　古屋茂：『行列と行列式』，培風館(1957)
小さな本であるが，豊富な内容が手ぎわよくまとめてある．

[3]　矢野健太郎：『1 次変換』，共立出版(1977)
1 次変換，ベクトル空間，線形写像について書かれた「数学ワンポイント双書」のうちの 1 冊．後半ではいくらか抽象的な展開が示されている．

[4] 土井真夫：『行列と群』，現代数学社(1980)
書名のように，行列群を中心にしている．

[5] 石谷茂：『行列』，現代数学社(1980)
これは大変くだけた本であり，わかりやすい．

[6] 伊理正夫ほか：『現代応用数学の基礎』第2巻，日本評論社(1987)
には，行列の構造，連立線形(微分)方程式などが収められている．

入門的な本，やさしい応用の本として，その他に以下のものをあげておく．

[7] 矢野健太郎・石原繁：『線形代数』，裳華房(1973)
複素数を成分とする行列も扱っている．線形変換のいろいろな例が扱われている．好書．

[8] 寺田文行：『線形代数』(増訂版)(サイエンスライブラリ・理工系の数学 23)，サイエンス社(1987)
標準的内容．物理学などへの応用例題は少ないが問題数は多い．

[9] 甘利俊一・金谷健一：『線形代数』，講談社(1988)
理工学者が書いた本．直観的に理解させることをねらっている．例題は力学や電気回路からもとっている．

[10] 入江昭二：『線形数学 I, II』，共立出版(1973)
初等的な内容から説きはじめ行列の関数や標準形，テンソルまでをていねいに説明している．

[11] 西垣久實・洲之内治男：『改訂 マトリクスとその応用』(応用数学講座 第1巻)，コロナ社(1977)
微分方程式や安定性の理論などへの応用も含め基礎的なことを易しく解説している．

問題略解

第 1 章

問題 1-1

1. $(\boldsymbol{a}-r\boldsymbol{b})\cdot\boldsymbol{b}=0$. $\therefore$ $r=\boldsymbol{a}\cdot\boldsymbol{b}/|\boldsymbol{b}|^2$.

2. 直線上の任意の点 $\boldsymbol{x}$ は $\boldsymbol{a}$ に $(\boldsymbol{b}-\boldsymbol{a})$ のスカラー倍を加えたものに等しい.

3. $\boldsymbol{a}\cdot\boldsymbol{b}=0$ であるから, $\boldsymbol{x}\cdot\boldsymbol{a}=r\boldsymbol{a}\cdot\boldsymbol{a}$, $\boldsymbol{x}\cdot\boldsymbol{b}=s\boldsymbol{b}\cdot\boldsymbol{b}$. したがって, $r=\boldsymbol{x}\cdot\boldsymbol{a}/|\boldsymbol{a}|^2$, $s=\boldsymbol{x}\cdot\boldsymbol{b}/|\boldsymbol{b}|^2$.

4. 例題 1.3 および図 1.11 を参照せよ. 符号に注意.

問題 1-2

1. $\overrightarrow{\mathrm{OA}}\cdot\overrightarrow{\mathrm{OB}}=\sqrt{a_1{}^2+a_2{}^2+a_3{}^2}\sqrt{b_1{}^2+b_2{}^2+b_3{}^2}\cos\theta$. $\therefore$ $\cos\theta=(a_1b_1+a_2b_2+a_3b_3)/\sqrt{(a_1{}^2+a_2{}^2+a_3{}^2)(b_1{}^2+b_2{}^2+b_3{}^2)}$. これから θ が決まる.

2. x 成分を求めると, $a_y(\boldsymbol{b}\times\boldsymbol{c})_z-a_z(\boldsymbol{b}\times\boldsymbol{c})_y=a_y(b_xc_y-b_yc_x)-a_z(b_zc_x-b_xc_z)=b_x(a_yc_y+a_zc_z)-c_x(a_yb_y+a_zb_z)=b_x(a_xc_x+a_yc_y+a_zc_z)-c_x(a_xb_x+a_yb_y+a_zb_z)=b_x(\boldsymbol{c}\cdot\boldsymbol{a})-c_x(\boldsymbol{a}\cdot\boldsymbol{b})$. 他の成分も同様.

3. x 成分を求めると, 各項から, $a_y(\boldsymbol{b}\times\boldsymbol{c})_z-a_z(\boldsymbol{b}\times\boldsymbol{c})_y=a_y(b_xc_y-b_yc_x)-a_z(b_zc_x-b_xc_z)$, $b_y(\boldsymbol{c}\times\boldsymbol{a})_z-b_z(\boldsymbol{c}\times\boldsymbol{a})_y=b_y(c_xa_y-c_ya_x)-b_z(c_za_x-c_xa_z)$, $c_y(\boldsymbol{a}\times\boldsymbol{b})_z-c_z(\boldsymbol{a}\times\boldsymbol{b})_y=c_y(a_xb_y-a_yb_x)-c_z(a_zb_x-a_xb_z)$. これらを加えれば, 打ち消し合って 0 となる. 他の成分も同様. $\boldsymbol{b}\times(\boldsymbol{c}\times\boldsymbol{a})=0$ のとき, $\boldsymbol{a}\times(\boldsymbol{b}\times\boldsymbol{c})=(\boldsymbol{a}\times\boldsymbol{b})\times\boldsymbol{c}$ が成立.

問題 1-3

1. $|\boldsymbol{a}+\boldsymbol{b}|^2\pm|\boldsymbol{a}-\boldsymbol{b}|^2=(\boldsymbol{a}+\boldsymbol{b})\cdot(\boldsymbol{a}+\boldsymbol{b})\pm(\boldsymbol{a}-\boldsymbol{b})\cdot(\boldsymbol{a}-\boldsymbol{b})=|\boldsymbol{a}|^2+2\boldsymbol{a}\cdot\boldsymbol{b}+|\boldsymbol{b}|^2\pm(|\boldsymbol{a}|^2-2\boldsymbol{a}\cdot\boldsymbol{b}+|\boldsymbol{b}|^2)$. したがって，(1)は $2(|\boldsymbol{a}|^2+|\boldsymbol{b}|^2)$，(2)は $4\boldsymbol{a}\cdot\boldsymbol{b}$ となる．

2. 求めるベクトルを(x,y,z,u)とすると，直交条件は $x+y=0$，$y+u=0$. ∴ $y=-x$，$u=-y=x$. したがって x,z を任意定数として $(x,-x,z,x)$ が求めるベクトルである．

3. 求めるベクトルを(x,y,z,u)とすると，直交条件は $x+y=0$，$y+u=0$，$2x+z=0$. ∴ $y=-x$，$u=-y=x$，$z=-2x$. したがって x を任意定数として $(x,-x,-2x,x)$ が求めるベクトルである．

第 1 章演習問題

[1] $\boldsymbol{a}+\boldsymbol{b}+\boldsymbol{c}=0$ ならば $\boldsymbol{b}=-(\boldsymbol{a}+\boldsymbol{c})$. ∴ $\boldsymbol{a}\times\boldsymbol{b}=-\boldsymbol{a}\times\boldsymbol{c}=\boldsymbol{c}\times\boldsymbol{a}$. また $\boldsymbol{b}\times\boldsymbol{c}=-\boldsymbol{a}\times\boldsymbol{c}=\boldsymbol{c}\times\boldsymbol{a}$. したがって $\boldsymbol{a}\times\boldsymbol{b}=\boldsymbol{b}\times\boldsymbol{c}=\boldsymbol{c}\times\boldsymbol{a}$.

[2] (1) $|\boldsymbol{x}|=\sqrt{1^2+2^2+1^2}=\sqrt{6}$. (2) $\boldsymbol{x}\cdot\boldsymbol{y}=1+2-1=2$. (3) $(\boldsymbol{x}\times\boldsymbol{y})_1=x_2y_3-x_3y_2=2\cdot(-1)-1\cdot1=-3$, $(\boldsymbol{x}\times\boldsymbol{y})_2=x_3y_1-x_1y_3=1\cdot1-1\cdot(-1)=2$, $(\boldsymbol{x}\times\boldsymbol{y})_3=x_1y_2-x_2y_1=1\cdot1-2\cdot1=-1$. したがって $|\boldsymbol{x}\times\boldsymbol{y}|=\sqrt{(-3)^2+2^2+(-1)^2}=\sqrt{14}$.

[3] $\overrightarrow{\mathrm{BA}}=(1-3,0-2)=(-2,-2)$, $\overrightarrow{\mathrm{BC}}=(5-3,3-2)=(2,1)$. したがって $\overrightarrow{\mathrm{BA}}\cdot\overrightarrow{\mathrm{BC}}=(-2)\cdot2+(-2)\cdot1=-6$. 他方 $\overrightarrow{\mathrm{BA}}\cdot\overrightarrow{\mathrm{BC}}=|\overrightarrow{\mathrm{BA}}||\overrightarrow{\mathrm{BC}}|\cos\theta=\sqrt{(-2)^2+(-2)^2}\sqrt{2^2+1^2}\cos\theta=2\sqrt{10}\cos\theta$. ゆえに $-6=2\sqrt{10}\cos\theta$. ∴ $\cos\theta=-3/\sqrt{10}$. したがって，面積を S とすれば，$S=\dfrac{1}{2}|\overrightarrow{\mathrm{BA}}||\overrightarrow{\mathrm{BC}}|\sin\theta=\dfrac{1}{2}2\sqrt{10}\sqrt{1-(3/\sqrt{10})^2}=1$. また外積の計算でも，$S=\dfrac{1}{2}|\{(\overrightarrow{\mathrm{BA}})_x(\overrightarrow{\mathrm{BC}})_y-(\overrightarrow{\mathrm{BA}})_y(\overrightarrow{\mathrm{BC}})_x\}|=\dfrac{1}{2}\{-2\cdot1-(-2)\cdot2\}=1$.

[4] $\overrightarrow{\mathrm{BA}}=(1,-1,-4)$，$\overrightarrow{\mathrm{BC}}=(-3,0,-4)$. したがって $\overrightarrow{\mathrm{BA}}\cdot\overrightarrow{\mathrm{BC}}=1\cdot(-3)+(-1)\cdot0+(-4)(-4)=13=\sqrt{1^2+(-1)^2+(-4)^2}\sqrt{(-3)^2+0^2+(-4)^2}\cos\theta=\sqrt{18}\sqrt{25}\cos\theta$. ∴ $\cos\theta=\dfrac{13}{\sqrt{2}\cdot15}$. したがって，$S=\dfrac{1}{2}|\overrightarrow{\mathrm{BA}}||\overrightarrow{\mathrm{BC}}|\sin\theta=\dfrac{1}{2}\sqrt{18}\sqrt{25}\sqrt{1-\left(\dfrac{13}{\sqrt{2}\cdot15}\right)^2}=\sqrt{281}/2$. 外積で計算すれば，$(\overrightarrow{\mathrm{BA}}\times\overrightarrow{\mathrm{BC}})_x=-4$，$(\overrightarrow{\mathrm{BA}}\times\overrightarrow{\mathrm{BC}})_y=-16$，$(\overrightarrow{\mathrm{BA}}\times\overrightarrow{\mathrm{BC}})_z=-3$. ∴ $S=\dfrac{1}{2}\sqrt{(-4)^2+(-16)^2+(-3)^2}=\sqrt{281}/2$.

[5] $V=|\boldsymbol{a}\cdot(\boldsymbol{b}\times\boldsymbol{c})|=|a_x(b_yc_z-b_zc_y)+a_y(b_zc_x-b_xc_z)+a_z(b_xc_y-b_yc_x)|=|3(1\cdot1-5\cdot1)-(1\cdot(-1)-2\cdot1)|=9$.

[6] $\boldsymbol{a}\,(a_1,a_2,a_3)$ と直交するベクトルを $\boldsymbol{c}\,(c_1,c_2,c_3)$ とすれば，$c_1a_1+c_2a_2+c_3a_3=0$. ∴ $c_3=-(c_1a_1+c_2a_2)/a_3$. よって $\boldsymbol{c}\,(c_1,c_2,-(c_1a_1+c_2a_2)/a_3)$. これがさらに $\boldsymbol{b}\,(b_1,b_2,b_3)$

に直交するとすれば，$\boldsymbol{c}/\!/(\boldsymbol{a}\times\boldsymbol{b})$．∴　$c_1 : c_2 : c_3 = a_2b_3-a_3b_2 : a_3b_1-a_1b_3 : a_1b_2-a_2b_1$.

[7]　(1)　$|\boldsymbol{a}\times\boldsymbol{b}|=|\boldsymbol{a}||\boldsymbol{b}||\sin\theta|=|\boldsymbol{a}||\boldsymbol{b}|\sqrt{1-\cos^2\theta}=\sqrt{|\boldsymbol{a}|^2|\boldsymbol{b}|^2-(\boldsymbol{a}\cdot\boldsymbol{b})^2}$.

(2)　$(\boldsymbol{a}\times\boldsymbol{b})\cdot(\boldsymbol{c}\times\boldsymbol{d})=(a_yb_z-a_zb_y)(c_yd_z-c_zd_y)+(a_zb_x-a_xb_z)(c_zd_x-c_xd_z)+(a_xb_y-a_yb_x)(c_xd_y-c_yd_x)=(a_xc_x+a_yc_y+a_zc_z)(b_xd_x+b_yd_y+b_zd_z)-(a_xd_x+a_yd_y+a_zd_z)(b_xc_x+b_yc_y+b_zc_z)$.

(3)　x 成分を計算すると，$(\boldsymbol{a}\times\boldsymbol{b})_y(\boldsymbol{c}\times\boldsymbol{d})_z-(\boldsymbol{a}\times\boldsymbol{b})_z(\boldsymbol{c}\times\boldsymbol{d})_y=(a_zb_x-a_xb_z)(c_xd_y-c_yd_x)-(a_xb_y-a_yb_x)(c_zd_x-c_xd_z)=[a_x(b_yd_z-b_zd_y)+a_y(b_zd_x-b_xd_z)+a_z(b_xd_y-b_yd_x)]c_x-[a_x(b_yc_z-b_zc_y)+a_y(b_zc_x-b_xc_z)+a_z(b_xc_y-b_yc_x)]d_x$．他の成分も同様.

[8]　$c_1\boldsymbol{a}+c_2\boldsymbol{b}+c_3\boldsymbol{c}=0$ とおいてみると

$$c_1+2c_3=0,\quad 2c_1+c_2+c_3=0,\quad -c_1+2c_2+c_3=0$$

この解は $c_1=c_2=c_3=0$ 以外にない．したがって $\boldsymbol{a},\boldsymbol{b},\boldsymbol{c}$ は1次独立である.

[9]　$\boldsymbol{x}-\boldsymbol{a}$ は $\boldsymbol{b}-\boldsymbol{a}$ と $\boldsymbol{c}-\boldsymbol{a}$ の1次結合で表わせるから $\boldsymbol{x}-\boldsymbol{a}=\alpha(\boldsymbol{b}-\boldsymbol{a})+\beta(\boldsymbol{c}-\boldsymbol{a})$．∴ $\boldsymbol{x}=\{1-(\alpha+\beta)\}\boldsymbol{a}+\alpha\boldsymbol{b}+\beta\boldsymbol{c}$．これを書き直せば $\boldsymbol{x}=r\boldsymbol{a}+s\boldsymbol{b}+(1-r-s)\boldsymbol{c}$.

第 2 章

問題 2–1

1.　$A+B=\begin{pmatrix}4&1\\3&2\end{pmatrix}$,　$A-B=\begin{pmatrix}2&-5\\-5&-2\end{pmatrix}$.

2.　$\begin{pmatrix}2-3&8-6&6-6&4-3\\8-6&0-3&2-3&10-9\end{pmatrix}=\begin{pmatrix}-1&2&0&1\\2&-3&-1&1\end{pmatrix}$.

問題 2–2

1.　フックの法則，オームの法則など.

2.　$y'-y=a_1(x_1'-x_1)+a_2(x_2'-x_2)$.

3.　(1)　$\begin{pmatrix}10&9\\6&5\end{pmatrix}$.　(2)　$\begin{pmatrix}7&12\\5&8\end{pmatrix}$.　(3)　$\begin{pmatrix}9&1\\10&-2\end{pmatrix}$.　(4)　$\begin{pmatrix}8&4\\5&-1\end{pmatrix}$.

問題 2–3

1.　$A-B=\begin{pmatrix}2&-5\\-5&-2\end{pmatrix}$,　$A+B=\begin{pmatrix}4&1\\3&2\end{pmatrix}$,　$AB=\begin{pmatrix}-5&5\\-1&-3\end{pmatrix}$,　$BA=\begin{pmatrix}0&-2\\10&-8\end{pmatrix}$,

$$ABC=\begin{pmatrix} -5 & -15 & -20 \\ -21 & -3 & 4 \end{pmatrix}.$$

2. $\begin{pmatrix} 2 & 1 \\ 0 & 2 \end{pmatrix}^2=\begin{pmatrix} 2 & 1 \\ 0 & 2 \end{pmatrix}\begin{pmatrix} 2 & 1 \\ 0 & 2 \end{pmatrix}=\begin{pmatrix} 4 & 4 \\ 0 & 4 \end{pmatrix}=\begin{pmatrix} 2^2 & 2\cdot 2 \\ 0 & 2^2 \end{pmatrix},$

$$\begin{pmatrix} 2 & 1 \\ 0 & 2 \end{pmatrix}^3=\begin{pmatrix} 4 & 4 \\ 0 & 4 \end{pmatrix}\begin{pmatrix} 2 & 1 \\ 0 & 2 \end{pmatrix}=\begin{pmatrix} 8 & 12 \\ 0 & 8 \end{pmatrix}=\begin{pmatrix} 2^3 & 2^2\cdot 3 \\ 0 & 2^3 \end{pmatrix}.$$

$\begin{pmatrix} 2 & 1 \\ 0 & 2 \end{pmatrix}^n=\begin{pmatrix} 2^n & 2^{n-1}n \\ 0 & 2^n \end{pmatrix}$ が成り立つとすると

$$\begin{pmatrix} 2 & 1 \\ 0 & 2 \end{pmatrix}^{n+1}=\begin{pmatrix} 2^n & 2^{n-1}n \\ 0 & 2^n \end{pmatrix}\begin{pmatrix} 2 & 1 \\ 0 & 2 \end{pmatrix}=\begin{pmatrix} 2^{n+1} & 2^n+2^n n \\ 0 & 2^{n+1} \end{pmatrix}=\begin{pmatrix} 2^{n+1} & 2^n(n+1) \\ 0 & 2^{n+1} \end{pmatrix}.$$

よって数学的帰納法により一般に成り立つ.

3. $\begin{pmatrix} \cos\theta & -\sin\theta \\ \sin\theta & \cos\theta \end{pmatrix}^2=\begin{pmatrix} \cos^2\theta-\sin^2\theta & -2\sin\theta\cos\theta \\ 2\sin\theta\cos\theta & \cos^2\theta-\sin^2\theta \end{pmatrix}=\begin{pmatrix} \cos 2\theta & -\sin 2\theta \\ \sin 2\theta & \cos 2\theta \end{pmatrix},$

一般に，$A^n=\begin{pmatrix} \cos n\theta & -\sin n\theta \\ \sin n\theta & \cos n\theta \end{pmatrix}.$

4. $\begin{pmatrix} a & b \\ 0 & a \end{pmatrix}^2=\begin{pmatrix} a^2 & 2ab \\ 0 & a^2 \end{pmatrix}, \quad \begin{pmatrix} a & b \\ 0 & a \end{pmatrix}^3=\begin{pmatrix} a^3 & 3a^2b \\ 0 & a^3 \end{pmatrix},$

一般に，$A^n=\begin{pmatrix} a^n & na^{n-1}b \\ 0 & a^n \end{pmatrix}.$

問題 2-4

1. $A_{11}B_{11}=\begin{pmatrix} a_{11}b_{11} \\ a_{21}b_{11} \end{pmatrix}, \quad A_{12}B_{21}=\begin{pmatrix} a_{12}b_{21}+a_{13}b_{31} \\ a_{22}b_{21}+a_{23}b_{31} \end{pmatrix};$

$A_{11}B_{12}=\begin{pmatrix} a_{11}b_{12} \\ a_{21}b_{12} \end{pmatrix}, \quad A_{12}B_{22}=\begin{pmatrix} a_{12}b_{22}+a_{13}b_{32} \\ a_{22}b_{22}+a_{23}b_{32} \end{pmatrix},$

$A_{21}B_{11}=a_{31}b_{11}, \quad A_{22}B_{21}=a_{32}b_{21}+a_{33}b_{31};$

$A_{21}B_{12}=a_{31}b_{12}, \quad A_{22}B_{22}=a_{32}b_{22}+a_{33}b_{32}.$

第 2 章演習問題

[1] $A+B=\begin{pmatrix} 2 & 0 \\ 3 & 2 \end{pmatrix},\ AB=\begin{pmatrix} -2 & 3 \\ 6 & -2 \end{pmatrix},\ A^2=\begin{pmatrix} 3 & -5 \\ 5 & 8 \end{pmatrix},\ A^{\mathrm{T}}B^{\mathrm{T}}=\begin{pmatrix} 1 & 3 \\ 3 & -5 \end{pmatrix}.$

[2] $\begin{pmatrix} a & d \\ c & b \end{pmatrix}=a\begin{pmatrix} 1 & 0 \\ 0 & 0 \end{pmatrix}+b\begin{pmatrix} 0 & 0 \\ 0 & 1 \end{pmatrix}+c\begin{pmatrix} 0 & 0 \\ 1 & 0 \end{pmatrix}+d\begin{pmatrix} 0 & 1 \\ 0 & 0 \end{pmatrix}.$

[3] $\begin{pmatrix}1 & 2 & 1 & 3\\ 0 & -1 & 1 & 0\\ 2 & 1 & 0 & 2\end{pmatrix}\begin{pmatrix}2 & -1\\ -2 & 1\\ 1 & 3\\ 0 & 2\end{pmatrix}\begin{pmatrix}1 & 0\\ -1 & 1\end{pmatrix}=\begin{pmatrix}-1 & 10\\ 3 & 2\\ 2 & 3\end{pmatrix}\begin{pmatrix}1 & 0\\ -1 & 1\end{pmatrix}=\begin{pmatrix}-11 & 10\\ 1 & 2\\ -1 & 3\end{pmatrix}.$

[4] $A^{\mathrm{T}}=\begin{pmatrix}1 & 0\\ 2 & 1\end{pmatrix}$, $B^{\mathrm{T}}=\begin{pmatrix}2 & 1\\ -1 & 3\end{pmatrix}$, $A^{\mathrm{T}}+B^{\mathrm{T}}=\begin{pmatrix}3 & 1\\ 1 & 4\end{pmatrix}=(A+B)^{\mathrm{T}}$, $BA=\begin{pmatrix}2 & 3\\ 1 & 5\end{pmatrix}$,
$A^{\mathrm{T}}B^{\mathrm{T}}=\begin{pmatrix}2 & 1\\ 3 & 5\end{pmatrix}$, $AB=\begin{pmatrix}4 & 5\\ 1 & 3\end{pmatrix}$, $B^{\mathrm{T}}A^{\mathrm{T}}=\begin{pmatrix}4 & 1\\ 5 & 3\end{pmatrix}=(AB)^{\mathrm{T}}$.

[5] $(ABC)^{\mathrm{T}}=C^{\mathrm{T}}(AB)^{\mathrm{T}}=C^{\mathrm{T}}B^{\mathrm{T}}A^{\mathrm{T}}$.

[6] $(A^n)_{jk}=\sum_{l_1}\cdots\sum_{l_n}a_{jl_1}a_{l_1l_2}\cdots a_{l_nk}$,

$((A^n)^{\mathrm{T}})_{jk}=(A^n)_{kj}=\sum_{l_1}\cdots\sum_{l_n}a_{kl_1}a_{l_1l_2}\cdots a_{l_nj}$,

$((A^{\mathrm{T}})^n)_{jk}=\sum_{l_1}\cdots\sum_{l_n}a_{l_1j}a_{l_2l_1}\cdots a_{kl_n}=\sum_{l_n}\cdots\sum_{l_1}a_{kl_n}\cdots a_{l_2l_1}a_{l_1j}=((A^n)^{\mathrm{T}})_{jk}$.

（別法） **[5]** において $A=B=C$ とおくと，$(A^3)^{\mathrm{T}}=(A^{\mathrm{T}})^3$．同様に，$(A^n)^{\mathrm{T}}=A^{\mathrm{T}}A^{\mathrm{T}}\cdots A^{\mathrm{T}}=(A^{\mathrm{T}})^n$．

[7]

$$BB^{\mathrm{T}}=\begin{pmatrix}1 & & & 0\\ & 2 & & \\ & & \ddots & \\ & & & n\\ 0 & & & & 0\end{pmatrix},\quad B^{\mathrm{T}}B=\begin{pmatrix}0 & & & & 0\\ & 1 & & & \\ & & \ddots & & \\ & & & n-1 & \\ 0 & & & & n\end{pmatrix},$$

$$BB^{\mathrm{T}}-B^{\mathrm{T}}B=\begin{pmatrix}1 & & & & 0\\ & 1 & & & \\ & & \ddots & & \\ & & & 1 & \\ 0 & & & & -n\end{pmatrix},\quad B^{\mathrm{T}}B-BB^{\mathrm{T}}=\begin{pmatrix}-1 & & & & 0\\ & -1 & & & \\ & & \ddots & & \\ & & & -1 & \\ 0 & & & & n\end{pmatrix},$$

$$BB^{\mathrm{T}}+B^{\mathrm{T}}B=\begin{pmatrix}1 & & & & 0\\ & 3 & & & \\ & & \ddots & & \\ & & & 2n-1 & \\ 0 & & & & n\end{pmatrix}.$$

これらはすべて対角行列である．

[8] $P^2=\begin{pmatrix}0 & 0 & 1 & 0\\ 0 & 0 & 0 & 1\\ 1 & 0 & 0 & 0\\ 0 & 1 & 0 & 0\end{pmatrix}$, $\quad P^3=\begin{pmatrix}0 & 0 & 0 & 1\\ 1 & 0 & 0 & 0\\ 0 & 1 & 0 & 0\\ 0 & 0 & 1 & 0\end{pmatrix}$, $\quad P^4=E_4$.

[9] 前問の答から明らかである．

第 3 章

問題 3-1

1. (1) $\begin{vmatrix} 2 & -1 \\ 3 & 1 \end{vmatrix} = 2\cdot 1 - 3\cdot(-1) = 5.$

(2) $\begin{vmatrix} \cos\theta & -\sin\theta \\ \sin\theta & \cos\theta \end{vmatrix} = \cos^2\theta + \sin^2\theta = 1.$

(3) $\begin{vmatrix} 2 & -1 & 6 \\ 5 & 0 & 1 \\ 3 & 2 & 4 \end{vmatrix} = 2\begin{vmatrix} 0 & 1 \\ 2 & 4 \end{vmatrix} + \begin{vmatrix} 5 & 1 \\ 3 & 4 \end{vmatrix} + 6\begin{vmatrix} 5 & 0 \\ 3 & 2 \end{vmatrix} = -4 + 17 + 60 = 73.$

(4) $\begin{vmatrix} 1 & 2 & 3 \\ -1 & -2 & -3 \\ 2 & 4 & 6 \end{vmatrix} = \begin{vmatrix} -2 & -3 \\ 4 & 6 \end{vmatrix} - 2\begin{vmatrix} -1 & -3 \\ 2 & 6 \end{vmatrix} + 3\begin{vmatrix} -1 & -2 \\ 2 & 4 \end{vmatrix} = 0 + 0 + 0 = 0.$

2. $x_1 = x_2 = -1/2,\ \ x_3 = 3/2.$

3.

$$I_1 = \frac{(R_2+R_3)E}{R_1R_2+(R_1+R_2)R_3},\ \ I_2 = \frac{R_3E}{R_1R_2+(R_1+R_2)R_3},\ \ I_3 = \frac{R_2E}{R_1R_2+(R_1+R_2)R_3}.$$

問題 3-2

1. (1)

$$\begin{vmatrix} 2 & 5 & 0 & 4 \\ -3 & 4 & 7 & -5 \\ 1 & 0 & 8 & 2 \\ 5 & 2 & 0 & 3 \end{vmatrix} = 2\begin{vmatrix} 4 & 7 & -5 \\ 0 & 8 & 2 \\ 2 & 0 & 3 \end{vmatrix} - 5\begin{vmatrix} -3 & 7 & -5 \\ 1 & 8 & 2 \\ 5 & 0 & 3 \end{vmatrix} - 4\begin{vmatrix} -3 & 4 & 7 \\ 1 & 0 & 8 \\ 5 & 2 & 0 \end{vmatrix}$$

$$= 2\left(4\begin{vmatrix} 8 & 2 \\ 0 & 3 \end{vmatrix} - 7\begin{vmatrix} 0 & 2 \\ 2 & 3 \end{vmatrix} - 5\begin{vmatrix} 0 & 8 \\ 2 & 0 \end{vmatrix}\right) - 5\left(-3\begin{vmatrix} 8 & 2 \\ 0 & 3 \end{vmatrix} - 7\begin{vmatrix} 1 & 2 \\ 5 & 3 \end{vmatrix} - 5\begin{vmatrix} 1 & 8 \\ 5 & 0 \end{vmatrix}\right)$$

$$-4\left(-3\begin{vmatrix} 0 & 8 \\ 2 & 0 \end{vmatrix} - 4\begin{vmatrix} 1 & 8 \\ 5 & 0 \end{vmatrix} + 7\begin{vmatrix} 1 & 0 \\ 5 & 2 \end{vmatrix}\right) = 2(96+28+80) - 5(-72+49+200)$$

$$-4(48+160+14) = 408 - 885 - 888 = -1365.$$

(2)

$$\begin{vmatrix} 2 & 5 & 2 & 0 \\ -3 & 4 & -2 & 7 \\ 1 & 0 & 1 & 8 \\ 5 & 2 & -2 & 0 \end{vmatrix} = 2\begin{vmatrix} 4 & -2 & 7 \\ 0 & 1 & 8 \\ 2 & -2 & 0 \end{vmatrix} - 5\begin{vmatrix} -3 & -2 & 7 \\ 1 & 1 & 8 \\ 5 & -2 & 0 \end{vmatrix} + 2\begin{vmatrix} -3 & 4 & 7 \\ 1 & 0 & 8 \\ 5 & 2 & 0 \end{vmatrix}$$

$$=2\left(4\begin{vmatrix}1&8\\-2&0\end{vmatrix}+2\begin{vmatrix}0&8\\2&0\end{vmatrix}+7\begin{vmatrix}0&1\\2&-2\end{vmatrix}\right)-5\left(-3\begin{vmatrix}1&8\\-2&0\end{vmatrix}+2\begin{vmatrix}1&8\\5&0\end{vmatrix}+7\begin{vmatrix}1&1\\5&-2\end{vmatrix}\right)$$

$$+2\left(-3\begin{vmatrix}0&8\\2&0\end{vmatrix}-4\begin{vmatrix}1&8\\5&0\end{vmatrix}+7\begin{vmatrix}1&0\\5&2\end{vmatrix}\right)=2(64-32-14)-5(-48-80-49)$$

$$+2(48+160+14)=36+885+444=1365.$$

2. (1) $4-4=0$.

(2) $\begin{vmatrix}2&3\\4&6\end{vmatrix}-\begin{vmatrix}1&3\\2&6\end{vmatrix}+\begin{vmatrix}1&2\\2&4\end{vmatrix}=(12-12)-(6-6)+(4-4)=0.$

問題 3-3

1. (1) $$\begin{vmatrix}2&0&5&4&0\\1&1&3&7&2\\0&0&1&2&0\\0&0&-1&3&3\\0&0&5&4&1\end{vmatrix}=\left|\begin{array}{cc:ccc}2&0&5&4&0\\1&1&3&7&2\\\hdashline 0&0&1&2&0\\0&0&-1&3&3\\0&0&5&4&1\end{array}\right|=\begin{vmatrix}2&0\\1&1\end{vmatrix}\begin{vmatrix}1&2&0\\-1&3&3\\5&4&1\end{vmatrix}$$

$$=2\begin{vmatrix}1&0&0\\-1&5&3\\5&-6&1\end{vmatrix}=2\begin{vmatrix}5&3\\-6&1\end{vmatrix}=2(5+18)=46.$$

(2) $$\begin{vmatrix}1&0&4&2\\0&1&3&4\\2&5&2&-6\\5&3&1&2\end{vmatrix}=\begin{vmatrix}1&0&0&0\\0&1&3&4\\2&5&-6&-10\\5&3&-19&-8\end{vmatrix}=\begin{vmatrix}1&3&4\\5&-6&-10\\3&-19&-8\end{vmatrix}=\begin{vmatrix}1&0&0\\5&-21&-30\\3&-28&-20\end{vmatrix}$$

$$=\begin{vmatrix}-21&-30\\-28&-20\end{vmatrix}=420-840=-420.$$

2.

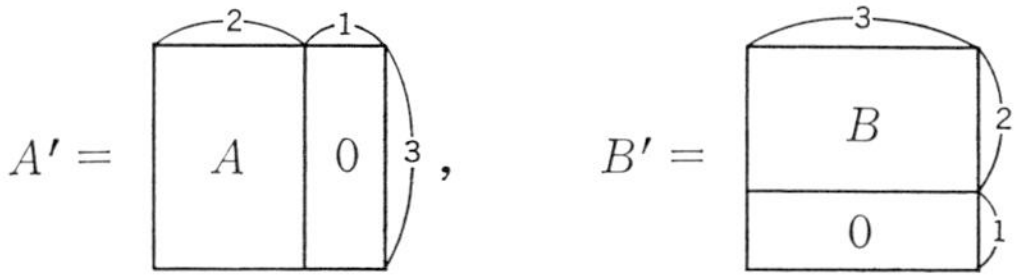

とすると，$A'B'=AB$．したがって，$|AB|=|A'B'|=|A'||B'|=0\cdot 0=0$.

問題 3-4

1. (3.48)により $S=\dfrac{1}{2}\begin{vmatrix}1&0\\0&1\end{vmatrix}=\dfrac{1}{2}$.

2. (3.49)により

$$S=\frac{1}{2}\begin{vmatrix}1&1&1\\1&3&2\\0&0&1\end{vmatrix}=\frac{1}{2}\left(\begin{vmatrix}3&2\\0&1\end{vmatrix}-\begin{vmatrix}1&1\\0&1\end{vmatrix}\right)=\frac{1}{2}(3-1)=1.$$

第3章演習問題

[1] (1) $6\begin{vmatrix}1&4\\1&4\end{vmatrix}-2\begin{vmatrix}1&4\\3&4\end{vmatrix}+8\begin{vmatrix}1&1\\3&1\end{vmatrix}=6(4-4)-2(4-12)+8(1-3)=0.$

この行列式の (第3列)＝3×(第2列) なので，その値は0.

(2) $2\begin{vmatrix}1&4&1\\0&4&2\\0&3&1\end{vmatrix}-3\begin{vmatrix}1&2&5\\0&4&2\\0&3&1\end{vmatrix}=2\begin{vmatrix}4&2\\3&1\end{vmatrix}-3\begin{vmatrix}4&2\\3&1\end{vmatrix}=-4+6=2.$

[2] (1) この行列式は $a=b$ とおくと0になるので，$(a-b)$ でくくれる．同様に，$(b-c), (c-a)$ でもくくれる．したがって $(a-b)(b-c)(c-a)$ に係数をかけたものに等しい．しかも a^3, b^3, c^3 は含まれない．たとえば左辺を展開したときに bc^2 にかかる係数を比べれば，右辺の係数は1であることがわかる．

一般に，バンデルモンドの行列式は

$$\begin{vmatrix}1&1&\cdots&1\\x_1&x_2&\cdots&x_n\\ &\cdots\cdots\cdots&&\\{x_1}^{n-1}&{x_2}^{n-1}&\cdots&{x_n}^{n-1}\end{vmatrix}=\prod_{i>k}(x_i-x_k)=(-1)^{n(n-1)/2}\prod_{l<m}(x_l-x_m).$$

(2) $$\begin{vmatrix}a&b&c\\c&a&b\\b&c&a\end{vmatrix}=\begin{vmatrix}a+b+c&b&c\\a+b+c&a&b\\a+b+c&c&a\end{vmatrix}=(a+b+c)\begin{vmatrix}1&b&c\\1&a&b\\1&c&a\end{vmatrix}=(a+b+c)\left(\begin{vmatrix}a&b\\c&a\end{vmatrix}-\begin{vmatrix}b&c\\c&a\end{vmatrix}\right.$$

$$\left.+\begin{vmatrix}b&c\\a&b\end{vmatrix}\right)=(a+b+c)(a^2+b^2+c^2-ab-bc-ca).$$

[3] (1) $\begin{vmatrix}A+B&0\\B&A-B\end{vmatrix}=\begin{vmatrix}E_n&E_n\\0&E_n\end{vmatrix}\begin{vmatrix}A&B-A\\B&A-B\end{vmatrix}=\begin{vmatrix}A&B-A\\B&A-B\end{vmatrix}=\begin{vmatrix}A&B\\B&A\end{vmatrix}.$

(2) (3.34), (3.35)を参照すれば，上の(1)に対して

$$\begin{vmatrix}A&B\\B&A\end{vmatrix}=\begin{vmatrix}A+B&0\\B&A-B\end{vmatrix}=|A+B||A-B|.$$

[4] 例題2.5より明らかである．

[5] $l<n$ であるから，たとえば $\boldsymbol{a}_1$ が他のベクトルの1次結合で表わされるとする．

$\boldsymbol{a}_1=c_2\boldsymbol{a}_2+\cdots+c_n\boldsymbol{a}_n$. このとき $\boldsymbol{a}_1\cdot\boldsymbol{b}_k=c_2(\boldsymbol{a}_2\cdot\boldsymbol{b}_k)+\cdots+c_n(\boldsymbol{a}_n\cdot\boldsymbol{b}_k)$ $(k=1,2,\cdots,n)$ であるから，上の [4] の式の右辺の行列式で，第 1 行が第 2 行以下で表わされ，行列式の演算 4 (69 ページ)により，行列式の値は 0 となる．

[6] 与えられた方程式の解を x_1, x_2 とすれば，$\boldsymbol{c}\equiv-x_1\boldsymbol{a}_1-x_2\boldsymbol{a}_2$ である．このとき $(\boldsymbol{a}_1,\boldsymbol{a}_2,\boldsymbol{c})\equiv-(\boldsymbol{a}_1,\boldsymbol{a}_2,x_1\boldsymbol{a}_1+x_2\boldsymbol{a}_2)$. 行列式の演算 4 (69 ページ)により，$|(\boldsymbol{a}_1,\boldsymbol{a}_2,\boldsymbol{c})|=0$ となる．

[7] すべて傾き m の直線に平行であるとき $a_{11}=-ma_{12}$, $a_{21}=-ma_{22}$, $a_{31}=-ma_{32}$ となる．このとき，行列式 Δ の第 1 列は第 2 列の $-m$ 倍となるから $\Delta=0$.

1 点で交わるとき，交点を (a,b) とする．3 直線の式を x_1, x_2 についての連立方程式と考えると $x_1=a$, $x_2=b$ はその解となる．上の **[6]** から $\Delta=0$.

[8] (1) a^2. (2) 0. (3) $(a_{12}a_{34}-a_{13}a_{24}+a_{14}a_{23})^2$.

(注) 一般に，奇数次の交代行列の行列式は 0 であり，偶数 $(2n)$ 次の交代行列の行列式は $P_n{}^2$ の形に書ける．P_n をパフィアン (Pfaffian) という．

[9] $n=2$ のときは

$$\begin{vmatrix} a_{11} & a_{12} & x_1 \\ a_{21} & a_{22} & x_2 \\ y_1 & y_2 & z \end{vmatrix} = z\begin{vmatrix} a_{11} & a_{12} \\ a_{21} & a_{22} \end{vmatrix} + x_1\begin{vmatrix} a_{21} & a_{22} \\ y_1 & y_2 \end{vmatrix} - x_2\begin{vmatrix} a_{11} & a_{12} \\ y_1 & y_2 \end{vmatrix}$$

$$= |A|z-(a_{22}x_1y_1-a_{21}x_1y_2-a_{12}x_2y_1+a_{11}x_2y_2)$$

$$= |A|z-(\tilde{A}_{11}x_1y_1+\tilde{A}_{12}x_1y_2+\tilde{A}_{21}x_2y_1+\tilde{A}_{22}x_2y_2).$$

[10] $|A|=a_{i1}\tilde{A}_{i1}+a_{i2}\tilde{A}_{i2}+\cdots+a_{ij}\tilde{A}_{ij}+\cdots+a_{in}\tilde{A}_{in}$. ここで，$\tilde{A}_{i1}, \tilde{A}_{i2}, \cdots, \tilde{A}_{ij}, \cdots, \tilde{A}_{in}$ は $a_{i1}, a_{i2}, \cdots, a_{ij}, \cdots, a_{in}$ を含まない．したがって $\tilde{A}_{ij}=\partial|A|/\partial a_{ij}$.

[11] (1) $2abc$. (2) これは(1)の行列の 2 乗の行列式なので $4a^2b^2c^2$.

[12] (1) $$\frac{1}{(a_1-b_1)(a_2-b_2)}-\frac{1}{(a_1-b_2)(a_2-b_1)}=\frac{-(a_1-a_2)(b_1-b_2)}{(a_1-b_1)(a_1-b_2)(a_2-b_1)(a_2-b_2)}.$$

(2) 第 1 行と第 2 行から第 3 行を引くと，与えられた行列式(D とする)は

$$D=\begin{vmatrix} \dfrac{a_1-a_3}{a_1-b_1}\dfrac{1}{a_3-b_1} & \dfrac{a_1-a_3}{a_1-b_2}\dfrac{1}{a_3-b_2} & \dfrac{a_1-a_3}{a_1-b_3}\dfrac{1}{a_3-b_3} \\ \dfrac{a_2-a_3}{a_2-b_1}\dfrac{1}{a_3-b_1} & \dfrac{a_2-a_3}{a_2-b_2}\dfrac{1}{a_3-b_2} & \dfrac{a_2-a_3}{a_2-b_3}\dfrac{1}{a_3-b_3} \\ \dfrac{1}{a_3-b_1} & \dfrac{1}{a_3-b_2} & \dfrac{1}{a_3-b_3} \end{vmatrix}.$$

行の共通因子をくくり出すと

$$D=(a_1-a_3)(a_2-a_3)\begin{vmatrix} \frac{1}{a_1-b_1}\frac{1}{a_3-b_1} & \frac{1}{a_1-b_2}\frac{1}{a_3-b_2} & \frac{1}{a_1-b_3}\frac{1}{a_3-b_3} \\ \frac{1}{a_2-b_1}\frac{1}{a_3-b_1} & \frac{1}{a_2-b_2}\frac{1}{a_3-b_2} & \frac{1}{a_2-b_3}\frac{1}{a_3-b_3} \\ \frac{1}{a_3-b_1} & \frac{1}{a_3-b_2} & \frac{1}{a_3-b_3} \end{vmatrix}.$$

ここで列の共通因子をくくり出せば

$$D=\frac{(a_1-a_3)(a_2-a_3)}{(a_3-b_1)(a_3-b_2)(a_3-b_3)}\begin{vmatrix} \frac{1}{a_1-b_1} & \frac{1}{a_1-b_2} & \frac{1}{a_1-b_3} \\ \frac{1}{a_2-b_1} & \frac{1}{a_2-b_2} & \frac{1}{a_2-b_3} \\ 1 & 1 & 1 \end{vmatrix}$$

となる．さらに第1列と第2列から第3列を引けば

$$D=\frac{(a_1-a_3)(a_2-a_3)}{(a_3-b_1)(a_3-b_2)(a_3-b_3)}\begin{vmatrix} \frac{b_1-b_3}{a_1-b_1}\frac{1}{a_1-b_3} & \frac{b_2-b_3}{a_1-b_2}\frac{1}{a_1-b_3} & \frac{1}{a_1-b_3} \\ \frac{b_1-b_3}{a_2-b_1}\frac{1}{a_2-b_3} & \frac{b_2-b_3}{a_2-b_2}\frac{1}{a_2-b_3} & \frac{1}{a_2-b_3} \\ 0 & 0 & 1 \end{vmatrix}$$

これを第3行で展開し，共通因子をくくり出せば

$$D=\frac{(a_1-a_3)(a_2-a_3)(b_1-b_3)(b_2-b_3)}{(a_3-b_1)(a_3-b_2)(a_3-b_3)(a_1-b_3)(a_2-b_3)}\begin{vmatrix} \frac{1}{a_1-b_1} & \frac{1}{a_1-b_2} \\ \frac{1}{a_2-b_1} & \frac{1}{a_2-b_2} \end{vmatrix}$$

となり，これに前題の結果を用いれば，証明しようとする式が得られる．

第 4 章

問題 4-1

1. (4.13)により求める逆行列は次のようになる．

(1) $\begin{pmatrix} 1 & 0 \\ 0 & 1 \end{pmatrix}$.　(2) $\begin{pmatrix} 0 & 1 \\ 1 & 0 \end{pmatrix}$.　(3) $\frac{1}{-2}\begin{pmatrix} 4 & -3 \\ -2 & 1 \end{pmatrix}=\begin{pmatrix} -2 & 3/2 \\ 1 & -1/2 \end{pmatrix}$.

2. (1) $\begin{pmatrix} 1 & 0 & 0 \\ 0 & 1 & 0 \\ 0 & 0 & 1 \end{pmatrix}$.　(2) $\begin{pmatrix} 1 & 0 & 0 \\ 0 & 0 & 1 \\ 0 & 1 & 0 \end{pmatrix}$.

(3) 与えられた行列を A とすると，$A=\begin{pmatrix} -3 & 6 & -11 \\ 3 & -4 & 6 \\ 4 & -8 & 13 \end{pmatrix}$,

$$|A| = a_{11}\tilde{A}_{11}+a_{12}\tilde{A}_{12}+a_{13}\tilde{A}_{13} = -3\begin{vmatrix} -4 & 6 \\ -8 & 13 \end{vmatrix} -6\begin{vmatrix} 3 & 6 \\ 4 & 13 \end{vmatrix} -11\begin{vmatrix} 3 & -4 \\ 4 & -8 \end{vmatrix}$$

$$= -3\cdot(-4)-6\cdot 15-11\cdot(-8) = 10.$$

$\tilde{A}_{11} = -4,\ \tilde{A}_{12} = -15,\ \tilde{A}_{13} = -8,$

$$\tilde{A}_{21} = -\begin{vmatrix} 6 & -11 \\ -8 & 13 \end{vmatrix} = 10,\ \tilde{A}_{22} = \begin{vmatrix} -3 & -11 \\ 4 & 13 \end{vmatrix} = 5,\ \tilde{A}_{23} = -\begin{vmatrix} -3 & 6 \\ 4 & -8 \end{vmatrix} = 0,$$

$$\tilde{A}_{31} = \begin{vmatrix} 6 & -11 \\ -4 & 6 \end{vmatrix} = -8,\ \tilde{A}_{32} = -\begin{vmatrix} -3 & -11 \\ 3 & 6 \end{vmatrix} = -15,\ \tilde{A}_{33} = \begin{vmatrix} -3 & 6 \\ 3 & -4 \end{vmatrix} = -6,$$

$$\tilde{A} = \begin{pmatrix} -4 & -15 & -8 \\ 10 & 5 & 0 \\ -8 & -15 & -6 \end{pmatrix},$$

$$A^{-1} = \frac{\tilde{A}^{\mathrm{T}}}{|A|} = \frac{1}{10}\begin{pmatrix} -4 & 10 & -8 \\ -15 & 5 & -15 \\ -8 & 0 & -6 \end{pmatrix} = \begin{pmatrix} -0.4 & 1.0 & -0.8 \\ -1.5 & 0.5 & -1.5 \\ -0.8 & 0 & -0.6 \end{pmatrix}.$$

問題 4-2

1. (1) $\mathrm{Tr}((A+B)^2) = \mathrm{Tr}(A^2+AB+BA+B^2) = \sum_i \{(A^2)_{ii}+(AB)_{ii}+(BA)_{ii}+(B^2)_{ii}\} = \mathrm{Tr}(A^2)+\mathrm{Tr}(AB)+\mathrm{Tr}(BA)+\mathrm{Tr}(B^2) = \mathrm{Tr}(A^2)+2\,\mathrm{Tr}(AB)+\mathrm{Tr}(B^2)$.

(2) 上の(1)と同様に証明される．

2. A が正則ならば A^{-1} も正則なのでその逆行列がある．$\therefore\ (A^{-1})^{-1}A^{-1}=E$，$\therefore\ (A^{-1})^{-1}=A$．また，$(AB)^{-1}AB=E$，$\therefore\ (AB)^{-1}A=B^{-1}$，$\therefore\ (AB)^{-1}=B^{-1}A^{-1}$.

3. $\mathrm{Tr}(A^2)=\sum_{i=1}^{n}\sum_{j=1}^{n}a_{ij}a_{ji}$．対称行列では $a_{ij}=a_{ji}$ なので $\mathrm{Tr}(A^2)=\sum_{i=1}^{n}\sum_{j=1}^{n}a_{ij}{}^2$.

問題 4-3

1. (1) $|A| = \begin{vmatrix} -1 & 1 & -1 \\ 1 & -1 & 2 \\ 2 & 0 & 3 \end{vmatrix} = 2$．$x_1 = \dfrac{1}{|A|}\begin{vmatrix} a & 1 & -1 \\ b & -1 & 2 \\ c & 0 & 3 \end{vmatrix} = \dfrac{1}{2}(-3a-3b+c)$,

$$x_2 = \frac{1}{|A|}\begin{vmatrix} -1 & a & -1 \\ 1 & b & 2 \\ 2 & c & 3 \end{vmatrix} = \frac{1}{2}(a-b+c),\quad x_3 = \frac{1}{|A|}\begin{vmatrix} -1 & 1 & a \\ 1 & -1 & b \\ 2 & 0 & c \end{vmatrix} = a+b.$$

(2) $|A|=\begin{vmatrix}1 & -1 & 1\\ 2 & 1 & -3\\ 1 & 3 & -1\end{vmatrix}=14.$ $x_1=\dfrac{1}{|A|}\begin{vmatrix}a & -1 & 1\\ b & 1 & -3\\ c & 3 & -1\end{vmatrix}=\dfrac{1}{7}(4a+b+c),$ $x_2=$ $\dfrac{1}{|A|}\begin{vmatrix}1 & a & 1\\ 2 & b & -3\\ 1 & c & -1\end{vmatrix}=\dfrac{1}{14}(-a-2b+5c),$ $x_3=\dfrac{1}{|A|}\begin{vmatrix}1 & -1 & a\\ 2 & 1 & b\\ 1 & 3 & c\end{vmatrix}=\dfrac{1}{14}(5a-4b+3c).$

問題 4-4

1. (2).

2. (1) 解は $y=x$, x は任意. (2) $y=2x$, $z=3x$, x は任意.

第 4 章演習問題

[1] (4.13)により

$$\tilde{A}=\begin{pmatrix}3 & -2\\ -4 & 2\end{pmatrix},\qquad \tilde{A}^{\mathrm{T}}=\begin{pmatrix}3 & -4\\ -2 & 2\end{pmatrix},$$

$$|\tilde{A}|=6-8=-2,\qquad |\tilde{A}^{\mathrm{T}}|=6-8=-2,\qquad |A|=6-8=-2.$$

$$A^{-1}=\frac{1}{|A|}\tilde{A}^{\mathrm{T}}=\frac{1}{-2}\begin{pmatrix}3 & -4\\ -2 & 2\end{pmatrix}=\begin{pmatrix}-3/2 & 2\\ 1 & -1\end{pmatrix},$$

$$|A^{-1}|=\frac{3}{2}-2=-\frac{1}{2}.$$

[2] $|A|=-1$. (4.9)において $\tilde{A}_{11}=-12$, $\tilde{A}_{12}=13$, $\tilde{A}_{13}=-2$, $\tilde{A}_{21}=1$, $\tilde{A}_{22}=-1$, $\tilde{A}_{23}=0$, $\tilde{A}_{31}=4$, $\tilde{A}_{32}=-5$, $\tilde{A}_{33}=1$. したがって

$$A^{-1}=\frac{\tilde{A}^{\mathrm{T}}}{|A|}=\frac{1}{-1}\begin{pmatrix}-12 & 1 & 4\\ 13 & -1 & -5\\ -2 & 0 & 1\end{pmatrix}=\begin{pmatrix}12 & -1 & -4\\ -13 & 1 & 5\\ 2 & 0 & -1\end{pmatrix}.$$

[3] 第 2 章演習問題 [7] の解により

$$B^{\mathrm{T}}B-BB^{\mathrm{T}}=\left.\begin{pmatrix}1 & & & 0\\ & \ddots & & \\ & & 1 & \\ 0 & & & -n\end{pmatrix}\right\}n \qquad \therefore\quad \mathrm{Tr}(B^{\mathrm{T}}B-BB^{\mathrm{T}})=0.$$

[4] 係数行列を A とすると

$$A=\begin{pmatrix}4 & 1 & -1\\ 2 & 5 & -4\\ 3 & -2 & 1\end{pmatrix},\qquad |A|=-7,\qquad \boldsymbol{c}=\begin{pmatrix}3\\ 0\\ 2\end{pmatrix}.$$

$$x=\frac{1}{-7}\begin{vmatrix}3 & 1 & -1\\ 0 & 5 & -4\\ 2 & -2 & 1\end{vmatrix}=1,\ \ y=\frac{1}{-7}\begin{vmatrix}4 & 3 & -1\\ 2 & 0 & -4\\ 3 & 2 & 1\end{vmatrix}=2,\ \ z=\frac{1}{-7}\begin{vmatrix}4 & 1 & 3\\ 2 & 5 & 0\\ 3 & -2 & 2\end{vmatrix}=3.$$

[5] 係数行列を A とすると

$$A=\begin{pmatrix}p & 1 & 1\\ 1 & p & 1\\ 1 & 1 & p\end{pmatrix},\qquad |A|=(p-1)^2(p+2).$$

(i) $p\neq 1, -2$ のとき.

$$x=\frac{1}{|A|}\begin{vmatrix}1 & 1 & 1\\ 1 & p & 1\\ 1 & 1 & p\end{vmatrix}=\frac{1}{p+2},\ \ y=\frac{1}{|A|}\begin{vmatrix}p & 1 & 1\\ 1 & 1 & 1\\ 1 & 1 & p\end{vmatrix}=\frac{1}{p+2},$$

$$z=\frac{1}{|A|}\begin{vmatrix}p & 1 & 1\\ 1 & p & 1\\ 1 & 1 & 1\end{vmatrix}=\frac{1}{p+2}.$$

(ii) $p=1$ のとき($|A|=0$, クラメルの公式では x, y, z は $0/0$ の形になる). 連立方程式は 1 つの方程式 $x+y+z=1$ となり, x, y は任意, $z=1-x-y$ が解となる. 幾何学的には $x+y+z=1$ は 1 つの平面を表わし, この平面上の点はすべて解である.

(iii) $p=-2$ のとき. 3 式の和は $0=3$ となるので, 解をもたないことがわかる.

第 5 章

問題 5-1

1. (1) 第 1 式を第 2 式から引くと $x_1+x_2=3$, $x_2=2$ となる. さらにこの第 1 式から第 2 式を引くと, $x_1=1$, $x_2=2$ となる.

(2) 同様に

$$\begin{cases}2x_1+x_2=5\\ 3x_1+2x_2=8\end{cases}\longrightarrow\begin{cases}2x_1+x_2=5\\ \dfrac{1}{2}x_2=\dfrac{1}{2}\end{cases}\longrightarrow\begin{cases}2x_1=4\\ \dfrac{1}{2}x_2=\dfrac{1}{2}.\end{cases}$$

2.
$$\begin{cases}x_1+x_2+x_3+x_4=a\\ \qquad x_2+x_3+x_4=b-a\\ \qquad\qquad x_3+x_4=c-b\\ \qquad\qquad\qquad x_4=d-c.\end{cases}$$

問題 5-2

1. $P_\alpha A=\begin{pmatrix} a_{11} & a_{12} \\ 0 & |A|/a_{11} \end{pmatrix}$, $P_\beta P_\alpha A=\begin{pmatrix} a_{11} & 0 \\ 0 & |A|/a_{11} \end{pmatrix}$, $P_\gamma P_\beta P_\alpha A=\begin{pmatrix} 1 & 0 \\ 0 & 1 \end{pmatrix}$.

2. $$\begin{pmatrix} 3 & 1 \\ -1 & 2 \\ 6 & 2 \end{pmatrix} \xrightarrow[\substack{\text{第1行を2}\\\text{倍して第3}\\\text{行から引く}}]{} \begin{pmatrix} 3 & 1 \\ -1 & 2 \\ 0 & 0 \end{pmatrix} \xrightarrow[\substack{\text{第1行を}1/3\\\text{倍して第2}\\\text{行に加える}}]{} \begin{pmatrix} 3 & 1 \\ 0 & 7/3 \\ 0 & 0 \end{pmatrix} \xrightarrow[\substack{\text{第2行に}3/7\\\text{をかけ第1}\\\text{行から引く}}]{} \begin{pmatrix} 3 & 0 \\ 0 & 7/3 \\ 0 & 0 \end{pmatrix} \xrightarrow[\substack{\text{第1行に}1/3\\\text{第2行に}3/7\\\text{をかける}}]{} \begin{pmatrix} 1 & 0 \\ 0 & 1 \\ 0 & 0 \end{pmatrix}.$$

3. $A=\begin{pmatrix} a_{11} & a_{12} & a_{13} \\ a_{21} & a_{22} & a_{23} \\ a_{31} & a_{32} & a_{33} \end{pmatrix}$ とすると

$$AQ_1=\begin{pmatrix} ra_{11} & a_{12} & a_{13} \\ ra_{21} & a_{22} & a_{23} \\ ra_{31} & a_{32} & a_{33} \end{pmatrix},\quad AQ_2=\begin{pmatrix} a_{11} & a_{12} & ra_{11}+a_{13} \\ a_{21} & a_{22} & ra_{21}+a_{23} \\ a_{31} & a_{32} & ra_{31}+a_{33} \end{pmatrix},\quad AQ_3=\begin{pmatrix} a_{13} & a_{12} & a_{11} \\ a_{23} & a_{22} & a_{21} \\ a_{33} & a_{32} & a_{31} \end{pmatrix}.$$

すなわち，Q_1 は第１列に r を掛ける基本操作，Q_2 は第１列に r を掛けて第３列に加える操作，Q_3 は第１列と第３列を入れかえる操作．

問題 5-3

1. (1) $\begin{pmatrix} 1 \\ 0 \\ 2 \end{pmatrix} \xrightarrow{\text{III}} \begin{pmatrix} 1 \\ 2 \\ 0 \end{pmatrix} \xrightarrow{\text{II}} \begin{pmatrix} 1 \\ 0 \\ 0 \end{pmatrix}$　階数 1.

(2) $\begin{pmatrix} 3 & 2 \\ 1 & 1 \end{pmatrix} \xrightarrow{\text{II}} \begin{pmatrix} 1 & 0 \\ 1 & 1 \end{pmatrix} \xrightarrow{\text{II}} \begin{pmatrix} 1 & 0 \\ 0 & 1 \end{pmatrix}$　階数 2.

(3) $$\begin{pmatrix} 2 & 2 & 1 \\ 1 & 0 & 3 \\ 0 & 1 & 1 \end{pmatrix} \xrightarrow{\text{III}} \begin{pmatrix} 1 & 0 & 3 \\ 2 & 2 & 1 \\ 0 & 1 & 1 \end{pmatrix} \xrightarrow{\text{II}} \begin{pmatrix} 1 & 0 & 3 \\ 0 & 2 & -5 \\ 0 & 1 & 1 \end{pmatrix} \xrightarrow{\text{I}} \begin{pmatrix} 1 & 0 & 3 \\ 0 & 1 & -5/2 \\ 0 & 1 & 1 \end{pmatrix}$$

$$\xrightarrow{\text{II}} \begin{pmatrix} 1 & 0 & 3 \\ 0 & 1 & -5/2 \\ 0 & 0 & 7/2 \end{pmatrix} \xrightarrow{\text{I}} \begin{pmatrix} 1 & 0 & 3 \\ 0 & 1 & -5/2 \\ 0 & 0 & 1 \end{pmatrix} \xrightarrow{\text{II}} \begin{pmatrix} 1 & 0 & 0 \\ 0 & 1 & 0 \\ 0 & 0 & 1 \end{pmatrix}\quad \text{階数 } 3.$$

2. (5.27) において，$|P|\neq 0$，$|Q|\neq 0$ であるから，$n=m$ のとき，$|A|\neq 0$ なら $r=n$，$r=n$ なら $|A|\neq 0$.

3. $\boldsymbol{a}=\begin{pmatrix} a_1 \\ a_2 \\ \vdots \\ a_n \end{pmatrix}$ において $a_1\neq 0$ とすれば，$\begin{pmatrix} a_1 \\ a_2 \\ \vdots \\ a_n \end{pmatrix} \xrightarrow{\text{I}} \begin{pmatrix} 1 \\ a_2 \\ \vdots \\ a_n \end{pmatrix} \xrightarrow{\text{II}} \begin{pmatrix} 1 \\ 0 \\ \vdots \\ 0 \end{pmatrix}$．∴　階数 $r=1$.

第5章演習問題

[1] (1) 第1式を2倍して第2式を引くと第3式になる．したがって第3式は不要であり，第1式，第2式を連立させて解けば，解は $x_1=2$, $x_2=1$.

(2) $\begin{pmatrix}2 & 2 & 1 & 0\\ 1 & -1 & 2 & 2\\ 1 & 2 & -1 & -1\end{pmatrix}\begin{pmatrix}x_1\\x_2\\x_3\\x_4\end{pmatrix}=\begin{pmatrix}9\\5\\2\end{pmatrix}$. 変形して

$$\begin{pmatrix}1 & 1 & 1/2 & 0\\ 1 & -1 & 2 & 2\\ 1 & 2 & -1 & -1\end{pmatrix}\begin{pmatrix}x_1\\x_2\\x_3\\x_4\end{pmatrix}=\begin{pmatrix}9/2\\5\\2\end{pmatrix}\longrightarrow\begin{pmatrix}1 & 1 & 1/2 & 0\\ 0 & -2 & 3/2 & 2\\ 0 & 1 & -3/2 & -1\end{pmatrix}\begin{pmatrix}x_1\\x_2\\x_3\\x_4\end{pmatrix}=\begin{pmatrix}9/2\\1/2\\-5/2\end{pmatrix}$$

$$\longrightarrow\begin{pmatrix}1 & 1 & 1/2 & 0\\ 0 & 1 & -3/4 & -1\\ 0 & 1 & -3/2 & -1\end{pmatrix}\begin{pmatrix}x_1\\x_2\\x_3\\x_4\end{pmatrix}=\begin{pmatrix}9/2\\-1/4\\-5/2\end{pmatrix}\longrightarrow\begin{pmatrix}1 & 1 & 1/2 & 0\\ 0 & 1 & -3/4 & -1\\ 0 & 0 & -3/4 & 0\end{pmatrix}\begin{pmatrix}x_1\\x_2\\x_3\\x_4\end{pmatrix}=\begin{pmatrix}9/2\\-1/4\\-9/4\end{pmatrix}$$

$$\longrightarrow\begin{pmatrix}1 & 1 & 1/2 & 0\\ 0 & 1 & -3/4 & -1\\ 0 & 0 & 1 & 0\end{pmatrix}\begin{pmatrix}x_1\\x_2\\x_3\\x_4\end{pmatrix}=\begin{pmatrix}9/2\\-1/4\\3\end{pmatrix}$$

$x_4=t$ (任意) とおいて $x_1=1-t$, $x_2=t+2$, $x_3=3$.

(3) $$\begin{pmatrix}1 & 1 & 1\\ 1 & p & 1\\ p & 1 & 0\end{pmatrix}\begin{pmatrix}x_1\\x_2\\x_3\end{pmatrix}=0\longrightarrow\begin{pmatrix}1 & 1 & 1\\ 0 & p-1 & 0\\ 0 & 1-p & -p\end{pmatrix}\begin{pmatrix}x_1\\x_2\\x_3\end{pmatrix}=0\quad\begin{pmatrix}\text{第2行から第1行を引く}\\ \text{第3行から第1行の}\,p\,\text{倍を引く}\end{pmatrix}$$

$$\longrightarrow\begin{pmatrix}1 & 1 & 1\\ 0 & p-1 & 0\\ 0 & 0 & -p\end{pmatrix}\begin{pmatrix}x_1\\x_2\\x_3\end{pmatrix}=0\quad(\text{第3行に第2行を加える})$$

$p=0$ なら $x_3=$任意，$x_2=0$, $x_1=-x_3$; $p=1$ なら $x_2=$任意，$x_3=0$, $x_1=-x_2$; その他の場合は $x_1=x_2=x_3=0$.

[2] $X=\begin{pmatrix}x & z\\ y & w\end{pmatrix}$ とおくと

$$\begin{pmatrix}1 & 2\\ -1 & 0\end{pmatrix}\begin{pmatrix}x & z\\ y & w\end{pmatrix}-\begin{pmatrix}x & z\\ y & w\end{pmatrix}\begin{pmatrix}1 & 2\\ -1 & 0\end{pmatrix}=\begin{pmatrix}2y+z & z+2w-2x\\ -x-y+w & -z-2y\end{pmatrix}=0,$$

この式は次の3つの式と同等である．

$$2y+z=0,\qquad x+y-w=0,\qquad 2x-z-2w=0.$$

たとえば w を任意の数と考え，x, y, z についての式と見ると

$$\begin{pmatrix}1 & 1 & 0\\ 2 & 0 & -1\\ 0 & 2 & 1\end{pmatrix}\begin{pmatrix}x\\ y\\ z\end{pmatrix}=\begin{pmatrix}w\\ 2w\\ 0\end{pmatrix}$$

となるので，基本変形により

$$\begin{pmatrix}1 & 1 & 0\\ 0 & 1 & 1/2\\ 0 & 0 & 0\end{pmatrix}\begin{pmatrix}x\\ y\\ z\end{pmatrix}=\begin{pmatrix}w\\ 0\\ 0\end{pmatrix}$$

したがって，z も任意となり

$$x=\frac{1}{2}z+w, \qquad y=-\frac{1}{2}z \qquad (z \text{ と } w \text{ は任意})$$

という解が得られる．まとめると

$$X=\begin{pmatrix}z/2+w & z\\ -z/2 & w\end{pmatrix}=\frac{z}{2}\begin{pmatrix}1 & 2\\ -1 & 0\end{pmatrix}+w\begin{pmatrix}1 & 0\\ 0 & 1\end{pmatrix}$$

$$=\frac{z}{2}A+wE_2 \qquad (z, w \text{ は任意})$$

となる．

[3] 題意により $P_r\cdots P_2P_1A=E$．したがって $A^{-1}A=E$ と比べて $A^{-1}=P_r\cdots P_2P_1=P_r\cdots P_2P_1E$.

[4] 行基本操作により A と E を変形する．これを平行して書けば

$$A=\begin{pmatrix}1 & 1 & 1\\ 3 & 4 & 8\\ 2 & 2 & 1\end{pmatrix} \qquad \begin{pmatrix}1 & 0 & 0\\ 0 & 1 & 0\\ 0 & 0 & 1\end{pmatrix}=E$$

↓ 第1行を3倍し第2行から引く ↓

$$\begin{pmatrix}1 & 1 & 1\\ 0 & 1 & 5\\ 2 & 2 & 1\end{pmatrix} \qquad \begin{pmatrix}1 & 0 & 0\\ -3 & 1 & 0\\ 0 & 0 & 1\end{pmatrix}$$

↓ 第1行を2倍し第3行から引く ↓

$$\begin{pmatrix}1 & 1 & 1\\ 0 & 1 & 5\\ 0 & 0 & -1\end{pmatrix} \qquad \begin{pmatrix}1 & 0 & 0\\ -3 & 1 & 0\\ -2 & 0 & 1\end{pmatrix}$$

↓ 第3行に -1 をかける ↓

$$\begin{pmatrix}1 & 1 & 1\\ 0 & 1 & 5\\ 0 & 0 & 1\end{pmatrix} \qquad \begin{pmatrix}1 & 0 & 0\\ -3 & 1 & 0\\ 2 & 0 & -1\end{pmatrix}$$

↓ 第3行に5をかけて第2行から引く ↓

$$\begin{pmatrix}1 & 1 & 1\\ 0 & 1 & 0\\ 0 & 0 & 1\end{pmatrix} \qquad \begin{pmatrix}1 & 0 & 0\\ -13 & 1 & 5\\ 2 & 0 & -1\end{pmatrix}$$

↓ 第2行と第3行を第1行から引く ↓

$$\begin{pmatrix}1 & 0 & 0\\ 0 & 1 & 0\\ 0 & 0 & 1\end{pmatrix} \qquad \begin{pmatrix}12 & -1 & -4\\ -13 & 1 & 5\\ 2 & 0 & -1\end{pmatrix}=A^{-1}$$

[5]　基本行列は逆行列をもつから，$PA=E$ ならば $A=P^{-1}E=EP^{-1}$，∴　$AP=E$. また，$BQ=E$ ならば $B=EQ^{-1}=Q^{-1}E$，∴　$QB=E$.

第 6 章

問題 6-1

1.　$\theta=30°$ のとき $\cos\theta=\sqrt{3}/2$，$\sin\theta=1/2$．したがって変換行列 U とその逆変換の行列は(6.1)，(6.6)により

$$U=\begin{pmatrix}\sqrt{3}/2 & -1/2\\ 1/2 & \sqrt{3}/2\end{pmatrix},\qquad U^{-1}=U^{\mathrm{T}}=\begin{pmatrix}\sqrt{3}/2 & 1/2\\ -1/2 & \sqrt{3}/2\end{pmatrix}.$$

2.　行列式 $|(\boldsymbol{e}_1,\boldsymbol{e}_2,\boldsymbol{e}_3)|$ は 59 ページにより $\boldsymbol{e}_1,\boldsymbol{e}_2,\boldsymbol{e}_3$ を 3 辺とする正立方体の体積 1 に等しい．$|(\boldsymbol{e}_1',\boldsymbol{e}_2',\boldsymbol{e}_3')|$ も同じである．したがって，$|(\boldsymbol{e}_1',\boldsymbol{e}_2',\boldsymbol{e}_3')|=|U||(\boldsymbol{e}_1,\boldsymbol{e}_2,\boldsymbol{e}_3)|$ は $1=|U|\cdot 1$ を与える．ゆえに $|U|=1$.

問題 6-2

1.　$\lambda=1\pm\sqrt{1-(1-\varepsilon^2)}=1\pm|\varepsilon|$.

2.　$(\lambda-\omega_0{}^2)^2-\varepsilon^2=0$．∴　$\lambda-\omega_0{}^2=\pm\varepsilon$，$\lambda=\omega_0{}^2\pm\varepsilon$.

問題 6-3

1.　$|A-\lambda E|=\begin{vmatrix}1-\lambda & 1/2\\ 1/2 & 1-\lambda\end{vmatrix}=(1-\lambda)^2-\left(\dfrac{1}{2}\right)^2=0$．固有値は $\lambda_1=3/2$ と $\lambda_2=1/2$．これは本文で $\varepsilon=-1/2$ とした場合で，固有ベクトルは $\boldsymbol{u}_1=\begin{pmatrix}1\\1\end{pmatrix}$，$\boldsymbol{u}_2=\begin{pmatrix}1\\-1\end{pmatrix}$.

2.　$\boldsymbol{x}'=A\boldsymbol{x}$ は角 θ の回転を与える．$i=\sqrt{-1}$ とすれば

$$|A-\lambda E|=\begin{vmatrix}\cos\theta-\lambda & -\sin\theta\\ \sin\theta & \cos\theta-\lambda\end{vmatrix}=\lambda^2-2\lambda\cos\theta+1$$
$$=(\lambda-\cos\theta-i\sin\theta)(\lambda-\cos\theta+i\sin\theta)=0$$

したがって固有値は複素数 $\lambda=\cos\theta\pm i\sin\theta$．固有ベクトルも複素数．実数の範囲で固有ベクトルはない．成分が実数の対称行列の固有値は実数であることが示される(135 ページの例題 6.1)．しかし実係数でも対称でない行列の固有値は一般に複素数である．

問題 6-4

1.　$-\theta$ だけ回転した座標系を (x,y) とすれば

$$\begin{pmatrix}\xi\\ \eta\end{pmatrix}=\begin{pmatrix}\cos\theta & \sin\theta\\ -\sin\theta & \cos\theta\end{pmatrix}\begin{pmatrix}x\\ y\end{pmatrix}$$

なので，$\dfrac{\xi^2}{a^2}+\dfrac{\eta^2}{b^2}=1$ は次のようになる．

$$a_{11}x^2+2a_{12}xy+a_{22}y^2=1.\qquad a_{11}=\frac{\cos^2\theta}{a^2}+\frac{\sin^2\theta}{b^2},$$

$$a_{12}=\left(\frac{1}{a^2}-\frac{1}{b^2}\right)\sin\theta\cos\theta,\qquad a_{22}=\frac{\sin^2\theta}{a^2}+\frac{\cos^2\theta}{b^2}.$$

2.　固有ベクトルは(6.49)により

$$\boldsymbol{u}_1=\begin{pmatrix}u_{11}\\ u_{21}\end{pmatrix}=\frac{1}{\sqrt{2}}\begin{pmatrix}1\\ 1\end{pmatrix},\qquad \boldsymbol{u}_2=\begin{pmatrix}u_{12}\\ u_{22}\end{pmatrix}=\frac{1}{\sqrt{2}}\begin{pmatrix}-1\\ 1\end{pmatrix}$$

ととれる．したがって対角化する $\pi/4$ の回転の行列は

$$U=\begin{pmatrix}\cos\pi/4 & -\sin\pi/4\\ \sin\pi/4 & \cos\pi/4\end{pmatrix}=\frac{1}{\sqrt{2}}\begin{pmatrix}1 & -1\\ 1 & 1\end{pmatrix}=(\boldsymbol{u}_1,\boldsymbol{u}_2).$$

この場合，対角化する座標の回転は $\theta=\pi/4$, $\pi/2+\pi/2$, $\pi/2+\pi$, $\pi/2+3\pi/2$ の 4 通りがある．このことからもわかるように，U と $\boldsymbol{u}_1,\boldsymbol{u}_2$ の対応は一義的にはきまらない．

3.　$\boldsymbol{x}=U\boldsymbol{\xi}$ から，

$$x_1=\frac{1}{\sqrt{3}}\xi_1+\frac{1}{\sqrt{2}}\xi_2+\frac{1}{\sqrt{6}}\xi_3,\quad x_2=\frac{1}{\sqrt{3}}\xi_1-\sqrt{\frac{2}{3}}\xi_3,\quad x_3=\frac{1}{\sqrt{3}}\xi_1-\frac{1}{\sqrt{2}}\xi_2+\frac{1}{\sqrt{6}}\xi_3.$$

これらを用いて $x_1{}^2+x_2{}^2+x_3{}^2=\xi_1{}^2+\xi_2{}^2+\xi_3{}^2$.

(別法)　$x_1{}^2+x_2{}^2+x_3{}^2=\boldsymbol{x}^{\mathrm{T}}E_3\boldsymbol{x}=(U\boldsymbol{\xi})^{\mathrm{T}}E_3(U\boldsymbol{\xi})=\boldsymbol{\xi}^{\mathrm{T}}U^{\mathrm{T}}E_3U\boldsymbol{\xi}=\boldsymbol{\xi}^{\mathrm{T}}U^{\mathrm{T}}U\boldsymbol{\xi}=\boldsymbol{\xi}^{\mathrm{T}}\boldsymbol{\xi}=\xi_1{}^2+\xi_2{}^2+\xi_3{}^2$.

問題 6-5

1.　固有方程式は $\varDelta(\lambda)=(1-\lambda)^2$. ∴ $\lambda=1$(重根)，縮退度 $m=2$. 固有ベクトルを $\boldsymbol{x}=(x_1,x_2)^{\mathrm{T}}$ とすると，$\lambda=1$ に対し $A\boldsymbol{x}=\lambda\boldsymbol{x}$ は $\begin{pmatrix}0 & 2\\ 0 & 0\end{pmatrix}\begin{pmatrix}x_1\\ x_2\end{pmatrix}=0$ となる．したがって $x_1=c$(任意)，$x_2=0$. 固有ベクトルはただ 1 つだけである．$\lambda=1$ に対し

$$\mathrm{rank}(A-\lambda E_2)=\mathrm{rank}\begin{pmatrix}0 & 2\\ 0 & 0\end{pmatrix}=\mathrm{rank}\begin{pmatrix}2 & 0\\ 0 & 0\end{pmatrix}=\mathrm{rank}\begin{pmatrix}1 & 0\\ 0 & 0\end{pmatrix}=1,$$

したがって $n=2$, $m=2$ に対し $n-\mathrm{rank}(A-\lambda E_2)\neq n-m$ となるから，A は対角化できない．

(別法)　もしも正則行列 T で対角化できるとすると $T^{-1}AT=D$(対角行列)，したがって $AT=TD$. ここで $T=\begin{pmatrix}a_{11} & a_{12}\\ a_{21} & a_{22}\end{pmatrix}$ とすると

$$\begin{pmatrix}1 & 2\\0 & 1\end{pmatrix}\begin{pmatrix}a_{11} & a_{12}\\a_{21} & a_{22}\end{pmatrix}=\begin{pmatrix}a_{11} & a_{12}\\a_{21} & a_{22}\end{pmatrix}\begin{pmatrix}1 & 0\\0 & 1\end{pmatrix},$$

これを成分で書くと，$a_{11}+2a_{21}=a_{11}$，$a_{12}+2a_{22}=a_{12}$，$a_{21}=a_{21}$，$a_{22}=a_{22}$．これから $a_{21}=a_{12}=a_{22}=0$．したがって $T=\begin{pmatrix}a_{11} & 0\\0 & 0\end{pmatrix}$ となるが，これは正則行列でないから矛盾．したがって A は対角化できない．

2.　$AP\boldsymbol{v}=\lambda P\boldsymbol{v}=P\lambda\boldsymbol{v}$　$\therefore$　$P^{-1}AP\boldsymbol{v}=\lambda\boldsymbol{v}$.

第6章演習問題

[1]　書き直すと，$(x-a)^2+(y-b)^2=c+a^2+b^2$ となる．これは点 (a,b) を中心とする半径 $\sqrt{c+(a^2+b^2)}$ の円．

[2]　$x=x'-\dfrac{be-cd}{2(ac-b^2)}$，$y=y'-\dfrac{bd-ae}{2(ac-b^2)}$（原点を点$\left(\dfrac{be-cd}{2(ac-b^2)},\ \dfrac{bd-ae}{2(ac-b^2)}\right)$へ移す座標系の平行移動）とすると，この2次式は $ax'^2+2bx'y'+cy'^2+f+(d/2)^2+(e/2)^2$ となる．

[3]　固有値を $\lambda=\lambda_1,\lambda_2$，固有ベクトルを $\boldsymbol{u}_1=(u_{11},u_{21})^{\mathrm{T}}$，$\boldsymbol{u}_2=(u_{12},u_{22})^{\mathrm{T}}$ とする．

(1)　$\varDelta(\lambda)=(1-\lambda)^2-4=0$．$\therefore$　$\lambda_1=-1$，$\lambda_2=3$．

$$\begin{pmatrix}2 & 2\\2 & 2\end{pmatrix}\begin{pmatrix}u_{11}\\u_{21}\end{pmatrix}=0 \qquad \therefore\quad \boldsymbol{u}_1=\frac{1}{\sqrt{2}}\begin{pmatrix}-1\\1\end{pmatrix},$$

$$\begin{pmatrix}-2 & 2\\2 & -2\end{pmatrix}\begin{pmatrix}u_{12}\\u_{22}\end{pmatrix}=0 \qquad \therefore\quad \boldsymbol{u}_2=\frac{1}{\sqrt{2}}\begin{pmatrix}1\\1\end{pmatrix}.$$

$$U=(\boldsymbol{u}_1,\boldsymbol{u}_2)=\frac{1}{\sqrt{2}}\begin{pmatrix}-1 & 1\\1 & 1\end{pmatrix}.$$

U は直交行列なので

$$U^{-1}=U^{\mathrm{T}}=\frac{1}{\sqrt{2}}\begin{pmatrix}-1 & 1\\1 & 1\end{pmatrix},$$

$$U^{-1}AU=\frac{1}{2}\begin{pmatrix}-1 & 1\\1 & 1\end{pmatrix}\begin{pmatrix}1 & 2\\2 & 1\end{pmatrix}\begin{pmatrix}-1 & 1\\1 & 1\end{pmatrix}=\begin{pmatrix}-1 & 0\\0 & 3\end{pmatrix}.$$

(2)　$\varDelta(\lambda)=(-\lambda)^2-1=0$，$\lambda_1=-1$，$\lambda_2=1$．

$$\begin{pmatrix}1 & 1\\1 & 1\end{pmatrix}\begin{pmatrix}u_{11}\\u_{21}\end{pmatrix}=0 \qquad \therefore\quad \boldsymbol{u}_1=\frac{1}{\sqrt{2}}\begin{pmatrix}-1\\1\end{pmatrix},$$

$$\begin{pmatrix}-1 & 1\\1 & -1\end{pmatrix}\begin{pmatrix}u_{12}\\u_{22}\end{pmatrix}=0 \qquad \therefore\quad \boldsymbol{u}_2=\frac{1}{\sqrt{2}}\begin{pmatrix}1\\1\end{pmatrix}.$$

$$U=\frac{1}{\sqrt{2}}\begin{pmatrix}-1 & 1\\1 & 1\end{pmatrix},\qquad U^{-1}\begin{pmatrix}0 & 1\\1 & 0\end{pmatrix}U=\begin{pmatrix}-1 & 0\\0 & 1\end{pmatrix}.$$

[4] (1) $\Delta(\lambda)=\begin{vmatrix}1-\lambda & 3 \\ 2 & -1-\lambda\end{vmatrix}=\lambda^2-7=0 \quad \therefore \quad \lambda=\pm\sqrt{7}.$

固有ベクトルを $\boldsymbol{x}=(x_1, x_2)^{\mathrm{T}}$ とすると，$\lambda_1=\sqrt{7}$ に対しては

$$\begin{pmatrix}1-\sqrt{7} & 3 \\ 2 & -1-\sqrt{7}\end{pmatrix}\begin{pmatrix}x_1 \\ x_2\end{pmatrix}=0 \quad から \quad \begin{pmatrix}x_1 \\ x_2\end{pmatrix}=c\begin{pmatrix}1+\sqrt{7} \\ 2\end{pmatrix} \quad (c\,は任意定数).$$

$\lambda_2=-\sqrt{7}$ に対しては

$$\begin{pmatrix}1+\sqrt{7} & 3 \\ 2 & -1+\sqrt{7}\end{pmatrix}\begin{pmatrix}x_1 \\ x_2\end{pmatrix}=0 \quad から \quad \begin{pmatrix}x_1 \\ x_2\end{pmatrix}=c\begin{pmatrix}1-\sqrt{7} \\ 2\end{pmatrix}.$$

(2) $\Delta(\lambda)=\begin{vmatrix}3-\lambda & -2 & 1 \\ 2 & -1-\lambda & 1 \\ -2 & 2 & -\lambda\end{vmatrix}=-\lambda(\lambda-1)^2 \quad \therefore \quad \lambda_1=0,\ \lambda_2=\lambda_3=1$ (重根)

$\lambda_1=0$ に対しては

$$\begin{pmatrix}3 & -2 & 1 \\ 2 & -1 & 1 \\ -2 & 2 & 0\end{pmatrix}\begin{pmatrix}x_1 \\ x_2 \\ x_3\end{pmatrix}=0 \quad から \quad \begin{pmatrix}x_1 \\ x_2 \\ x_3\end{pmatrix}=c\begin{pmatrix}1 \\ 1 \\ -1\end{pmatrix}.$$

$\lambda_2=\lambda_3=1$ に対して $(A-\lambda E_3)\boldsymbol{x}=0$ は

$$\begin{pmatrix}3-1 & -2 & 1 \\ 2 & -1-1 & 1 \\ -2 & 2 & 0-1\end{pmatrix}\begin{pmatrix}x_1 \\ x_2 \\ x_3\end{pmatrix}=0 \quad から \quad \begin{pmatrix}x_1 \\ x_2 \\ x_3\end{pmatrix}=c\begin{pmatrix}1 \\ 0 \\ -2\end{pmatrix} \quad と \quad c\begin{pmatrix}0 \\ 1 \\ 2\end{pmatrix}.$$

この場合，係数行列を基本変形して標準形にすると

$$\begin{pmatrix}2 & -2 & 1 \\ 2 & -2 & 1 \\ -2 & 2 & -1\end{pmatrix}\to\begin{pmatrix}2 & -2 & 1 \\ 0 & 0 & 0 \\ -2 & 2 & -1\end{pmatrix}\to\begin{pmatrix}2 & -2 & 1 \\ 0 & 0 & 0 \\ 0 & 0 & 0\end{pmatrix}\to\begin{pmatrix}1 & 0 & 0 \\ 0 & 0 & 0 \\ 0 & 0 & 0\end{pmatrix}.$$

この階数は 1. ゆえに $3-1=2$ 個の 1 次独立な解が存在する.

索引

ア 行

カ 行

サ　行

タ　行

本書初版は1989年7月に岩波書店から『行列と1次変換』として刊行された．
2019年11月，新装版の刊行にあたり『線形代数』と改題した．

戸田盛和

1917–2010年．1940年東京帝国大学理学部物理学科卒業．東京教育大学教授，千葉大学教授，横浜国立大学教授，放送大学教授などを歴任．専攻，理論物理学．

主な著者：『非線形格子力学』『力学』『統計物理学』(共著)(以上，岩波書店)，*Theory of Nonlinear Lattices*(Springer-Verlag)ほか．

浅野功義

1940年岐阜県に生まれる．1964年名古屋大学理学部物理学科卒業．同大学院博士課程中退．名古屋大学助手，宇都宮大学助教授，教授を経て，2006年より宇都宮大学名誉教授．理学博士．専攻，数理物理学，特に非線形解析．

主な著書：*Budushchee Nauki*(共著，Znanie)，『常微分方程式』(共著，講談社)，*Algebraic and Spectral Methods for Nonlinear Wave Equations*(共著，Longman)．

理工系の数学入門コース 新装版
線形代数

1989年7月17日 初版第1刷発行
2015年4月6日 初版第31刷発行
2019年11月14日 新装版第1刷発行
2023年2月24日 新装版第3刷発行

著 者 戸田盛和(とだもりかず) 浅野功義(あさのなるよし)

発行者 坂本政謙

発行所 株式会社 岩波書店
〒101-8002 東京都千代田区一ツ橋2-5-5
電話案内 03-5210-4000
https://www.iwanami.co.jp/

印刷・理想社 表紙・精興社 製本・松岳社

ISBN 978-4-00-029884-1 Printed in Japan

9784000298841
1923341026005
ISBN978-4-00-029884-1
C3341 ¥2600E
定価（本体2600円＋税）

理工学では，たがいに関連のある数を縦横に並べた「行列」がひろく使われる．その中で最も簡単な場合であるベクトルからはじめて，親しみやすい連立１次方程式にハイライトをあてながら，行列の演算や行列式・逆行列について解説する．最後に固有値・固有ベクトル・対角化を解説し，固有振動の問題についても触れる．『行列と１次変換』を改題．